社区足球场规划建设
理论 · 方法 · 实践

闫永涛　黎子铭　许智东　张　哲　著

中国建筑工业出版社

图书在版编目（CIP）数据

社区足球场规划建设：理论·方法·实践／闫永涛等著.
—北京：中国建筑工业出版社，2019.5
ISBN 978-7-112-23565-0

Ⅰ．①社…　Ⅱ．①闫…　Ⅲ．①足球场—建筑设计
Ⅳ．①TU245.1

中国版本图书馆CIP数据核字（2019）第062879号

责任编辑：郑淮兵　王晓迪
责任校对：王　瑞

社区足球场规划建设　理论·方法·实践

闫永涛　黎子铭　许智东　张　哲　著
*

中国建筑工业出版社出版、发行（北京海淀三里河路9号）

各地新华书店、建筑书店经销

北京锋尚制版有限公司制版

北京京华铭诚工贸有限公司印刷

*

开本：787×1092毫米　1/16　印张：12¾　字数：270千字

2019年6月第一版　2019年6月第一次印刷

定价：48.00元

ISBN 978-7-112-23565-0

（33739）

前　言

　　足球运动作为具有广泛影响的世界性运动，是全民健身国家战略的重要组成部分，对于提高国民素质，丰富大众精神文化生活，实现体育强国梦具有重要意义。但一直以来，中国足球却是国人心中的痛，我国的足球发展全方位落后于足球发达国家，甚至落后于一些足球小国。诚然，这其中有多方面的问题或原因，但不可否认的是，场地设施的缺乏是我国足球发展的重要制约因素之一，尤其是面向全民健身的社区足球场更为缺乏。

　　党的十八大以来，党中央、国务院高度重视足球发展工作，下决心要把足球场事业搞上去，先后制定了《中国足球改革发展总体方案》（国办发〔2015〕11号）、《中国足球中长期发展规划（2016—2050年）》（发改社会〔2016〕780号）、《全国足球场地设施建设规划（2016—2020年）》（发改社会〔2016〕987号）等。根据规划，·我国足球场地建设工作将迎来大发展时期，"十三五"期间全国将建设足球场地约6万块，2020年平均每万人拥有足球场地达到0.5～0.7块，2030年达到1块，其中社区足球场是规划建设的重点。但与此不相匹配的是，我国社区足球场规划建设的理论、方法、实践极其缺乏，存在较多模糊空白地带和政策短板，亟待探索总结。

　　作为全国足球试点城市的广州，早于上述多个政策文件和规划颁布之前，就颇有前瞻性地提出了大力建设社区足球场的民生任务，率先编制了全国第一个社区足球场布局专项规划，并对其规划、建设、运营、管理等工作进行了全面探索。在此基础上，广东省制定发布了全国第一个足球场地规划标准。同时，广州先后建成了一批社区足球场并投入使用，受到广大人民群众的热烈欢迎。我们作为广州社区足球场规划建设的实践者，从概念特征、政策解读、国内外发展对比，规划建设标准、策略及方法，以及广州的实践等几个方面，将相关经验、成果和思考进行系统提炼，编纂成书，以期对我国足球事业发展和全民健身工作作出一定贡献。

　　当然，我们的工作仅是抛砖引玉，社区足球场规划建设涉及的问题非常多也非常复杂，本书中如有不足或错误之处，请读者不吝斧正。另外，需要说明的是，"足球场"和"足球场地"是同一概念在不同场合使用的两种说法，本书在保证逻辑关系和规范表达的基础上尽量使用同一种说法，但并未作区分。

目 录

上篇　概论

中篇　理论与方法

下篇　实践与思考

上 篇
概 论

第1章
社区足球场的概念与特征

1.1 社区足球场的概念

足球场是一种进行足球运动的长方形陆上体育活动场地。社区足球场，顾名思义就是以服务社区为主要功能的足球场。

从功能属性上看，社区足球场具有较强的公共服务性质，是一种为居民提供日常足球运动场地的公共体育设施，一般免费或低收费向市民开放。

从建设主体上看，长期以来我国的社区足球场主要分布在体育系统和教育系统（高等院校、中专中技、中小学、其他教育系统）。但近年来，公共体育设施的建设主体逐渐从政府为主导向社会各界共同建设转变，社区足球场的建设主体趋于多元化。

从建设形式上看，为便于居民进入并开展中小规模的活动，同时适应社区级公共服务设施用地规模相对有限的特点，社区足球场的面积通常比标准比赛场地小，且具有尺寸多样、形式灵活、使用便捷的特点，多为3人、5人（4人）、7人（8人）制等形制，少为11人制的标准形制。

1.2 社区足球场的分类

目前对足球场的分类有较成熟且一致的观点，并已体现在相关标准规范中。本节将结合社区足球场的概念对其分类进行梳理与总结。

1.2.1 国内现行标准规范对足球场的分类情况

国内对足球场的分类通过《体育建筑设计规范》JGJ 31—2003、《城市社区体育设施建设用地指标》（建标〔2005〕156号）、《城市社区体育设施技术要求》JG/T 191—2006、《体育场地与设施（一）》（图集号08J933-1）等相关标准规范文件进行规定。

（1）《体育建筑设计规范》JGJ 31—2003是原建设部与国家体育总局2003年颁布的技术规范，适用于供比赛和训练用的体育场、体育馆、游泳池和游泳馆的新建、改建和扩建工程设计。其中根据场地可以承担的赛事活动类型将足球场分为标准足球场和非标准足球场两类，使用为一般性比赛、国际性比赛、国际标准场、专用足球场的是标准足球场，使用为业余训练和比赛的为非标准足球场。依据足球竞赛规则和国际足联的要求，该规范规定了足球场的尺寸规格、面层、允许坡度等（表1-1）。

《体育建筑设计规范》中足球场的分类　　　　　　表1-1

类别	使用性质	长（m）	宽（m）	地面材质及坡度
标准足球场	一般性比赛	90～120	45～90	天然草坪≤6/1000
	国际性比赛	100～110	64～75	
	国际标准场	105	68	
	专用足球场	105	68	
非标准足球场	业余训练和比赛	根据具体条件制定场地尺寸，但任何情况下长度均应大于宽度		天然草坪、人工草坪和土场地

注：①标准足球场虽不符合规则要求，但可开展群众性和青少年足球运动，便于将标准足球场划分为两个小足球场。
②足球场地划线及球门规格应符合竞赛规则规定。
③设置在田径场地内的足球场，其足球门架应采用装卸式构造。

（2）《城市社区体育设施建设用地指标》（建标〔2005〕156号）是2005年国家体育总局主编，原建设部、国土资源部批准实施的建设用地指标。该指标根据场地形制将足球场分为11人制足球场、7人制足球场、5人制足球场（表1-2）。

《城市社区体育设施建设用地指标》中足球场的分类　　　　　　表1-2

项目	长度（m）	宽度（m）	缓冲距离（m）	场地面积（m²）
11人制足球场地	90～120	45～90	3～4	4900～12550
7人制足球场地	60	35	1～2	2300～2500
5人制足球场地	25～42	15～25	1～2	460～1340

（3）《城市社区体育设施技术要求》JG/T 191—2006是原建设部2006年发布的技术规范，适用于城市社区的体育场地与设施，不适用于正式体育比赛用的场地与设施。该技术要求根据场地形制将社区足球场分为11人制、7人制、5人制、4人制、3人制五种类型（表1-3、图1-1～图1-5）。

《城市社区体育设施技术要求》中足球场的分类 表1-3

项目		11人制足球	7人制足球	5人制足球	4人制足球	3人制足球
场地位置		室外	室外	室内/室外	室内/室外	室内/室外
标准场地尺寸	长度（m）	105	—	—	—	—
	宽度（m）	68				
允许场地尺寸	长度（m）	90～120	45～90	25～42	25～42	20～35
	宽度（m）	45～90	45～60	15～25	15～25	12～21
中圈半径（m）		9	6	3	3	3
球门尺寸	宽度（m）	7.32	5.00	3.00	2.00	2.00
	高度（m）	2.44	2.20	2.00	1.10～1.50	1.00
各线线宽、球门柱宽度、横木厚度（m）		0.12	0.10	0.08	0.08	0.08
角球弧半径（m）		1.00	0.60	0.25	0.25	0.25
缓冲区（m）		3.0	1.5	1.5	1.5	1.5

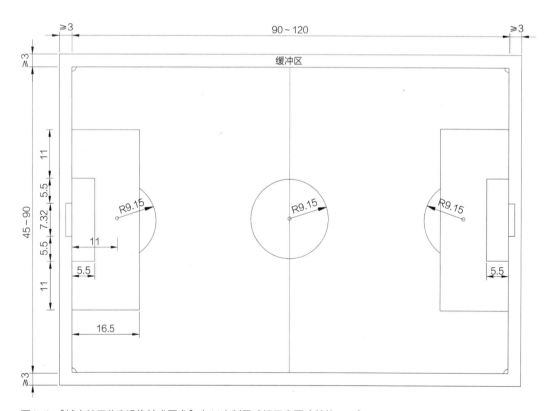

图1-1 《城市社区体育设施技术要求》中11人制足球场示意图（单位：m）

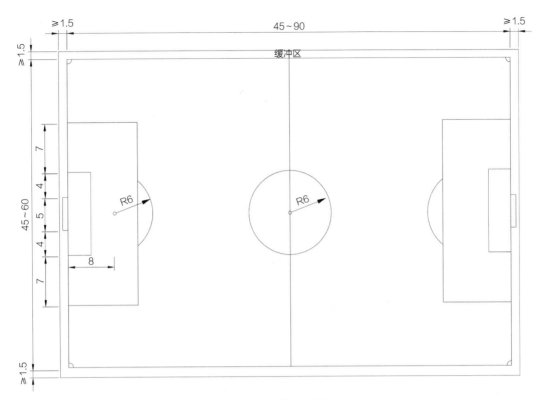

图1-2 《城市社区体育设施技术要求》中7人制足球场示意图（单位：m）

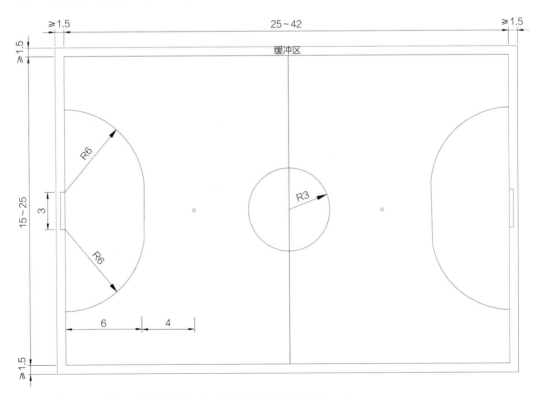

图1-3 《城市社区体育设施技术要求》中5人制足球场示意图（单位：m）

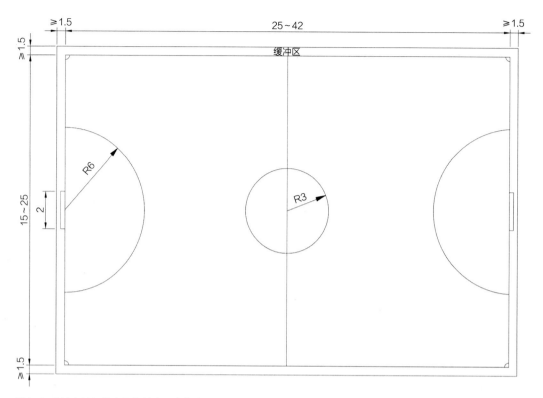

图1-4 《城市社区体育设施技术要求》中4人制足球场示意图（单位：m）

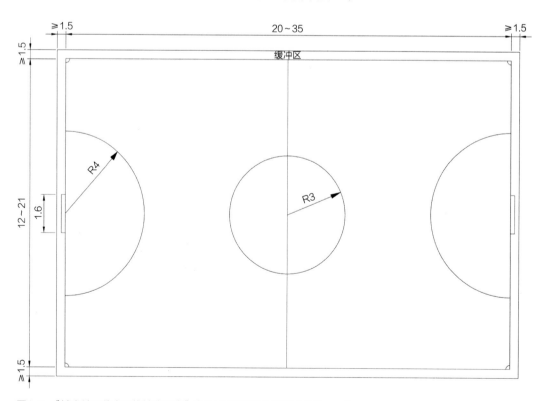

图1-5 《城市社区体育设施技术要求》中3人制足球场示意图（单位：m）

（4）《体育场地与设施（一）》（图集号08J933-1）是2008年住房城乡建设部批准的国家建筑标准图集，适用于新建、改建、扩建的用于比赛、训练与休闲健身的体育场地。该图集将足球场分为比赛场地、训练场地、休闲健身场地三大类，其中比赛场地有11人制、5人制，训练场地有11人制、5人制，休闲健身场地有11人制、7人制、5人制、4人制、3人制（表1-4）。

《体育场地与设施（一）》中足球场的分类 表1-4

尺寸和位置　　场地名称	比赛场地		训练场地		休闲健身场地				
	11人制	5人制	11人制	5人制	11人制	7人制	5人制	4人制	3人制
场地尺寸 长×宽 （m×m）									
室外草坪延展区（m）	边线外≥1.5 端线外≥2.0 球门线后≥6.0 球门区后≥3.5（罚球区）	—	边线外≥4.0 端线外≥5.0	—	≥2.0	≥1.5	≥1.5	≥1.5	≥1.5
室内缓冲区（m）	—	≥1.5	—	≥1.5	—	—	≥1.5	≥1.5	≥1.5
场地位置	室外	室内	室外	室内	室外	室外	室内／室外	室内／室外	室内／室外
室内场地净高（m）	—	≥7.0	—	≥7.0	—	—	≥7.0	≥7.0	≥7.0
球门尺寸　长度（m）	7.32	3.00	7.32	3.00	7.32	5.00	3.00	3.00	3.00
球门尺寸　高度（m）	2.44	2.00	2.44	2.00	2.44	2.20	2.00	2.00	1.60
线宽、球门柱宽度、横梁厚度（mm）	≤120	80	≤120	80	≤120	100	80	80	80

注：表中足球场地长宽有区间范围的，宜参考11人制足球比赛场地的比例，按长∶宽≈1.5∶1设计。

					足球场地分类		图集号	08J933-1
审核	陈晓民		校对	邓志伟		设计	杨占	页 C2

1.2.2 根据足球比赛赛制人数的不同，可分为11人制、7人制（8人制）、5人制（4人制）和3人制场地

目前我国足球场的形制通常根据赛制人数确定，主要有11人制、8人制、7人制、5人制、4人制、3人制共六类。由于4人制场地除球门尺寸和禁区范围外，其余场地面积指标均与5人制场地一致，故不做单独列举。另外，近来开始推广的8人制足球场尺寸与7人制足球场基本相同，也不做单独列举。

因此，各形制足球场面积指标根据相关标准规范要求可以总结为以下尺寸特征（表1-5）。但足球场的尺寸在足球运动规则的允许范围内是相对变动的，可不必过于严格，尤其是对社区足球场而言。

不同赛制人数足球场的尺寸　　　　　　　　　　　　　　　表1-5

足球场形制		11人制	7人制（8人制）	5人制（4人制）	3人制
允许场地尺寸	长度（m）	90 ~ 120	45 ~ 90	25 ~ 42	20 ~ 35
	宽度（m）	45 ~ 90	35 ~ 60	15 ~ 25	12 ~ 21
缓冲距离（m）		≥3	≥1.5	≥1.5	≥1.5
场地面积（m²）		4900 ~ 12100	1900 ~ 5900	510 ~ 1300	350 ~ 920

注：①表中足球场长宽有区间范围，实际建设中应参考11人制足球比赛标准场地（105m×68m）的比例，按长：宽≈1.5：1进行设计。

②场地面积为参考值，根据场地尺寸和最小缓冲距离要求取整估算；考虑场地规模和数据应用，3人制及5人制场地面积取整至十位数，其余取整至百位数。

1.2.3 根据场地功能的不同，可分为比赛场地、训练场地和休闲健身场地

参考足球竞赛的规定及国家建筑标准图集《体育场地与设施（一）》，比赛场地主要有11人制场地和5人制场地两类。

11人制比赛场地为传统的足球比赛场地，通常位于室外。根据国际足联制定的比赛规则，国际性比赛允许的场地长度为100 ~ 110m、宽度为64 ~ 75m，一般性比赛允许的场地长度为90 ~ 120m、宽度为45 ~ 90m，标准场地的参考长度为105m、宽度为68m。在用地条件满足的情况下，应建设标准的足球场。

5人制比赛场地为近年开始流行的足球比赛场地，除了设置在室外，还可以设置于室内。根据国际足联制定的比赛规则，其标准场地的长度为38 ~ 42m、宽度为18 ~ 22m。

训练场地是运动员在正式竞技前进行训练的场所，场地应满足比赛场地标准，根据具体条件制定场地尺寸（表1-6）。

休闲健身场地只需满足休闲健身足球运动的要求，根据具体条件符合各形制足球场的基本指标即可，本书所指的社区足球场主要是休闲健身功能的场地。

比赛场地和训练场地的足球场尺寸表　　　　表1-6

场地名称	比赛场地		训练场地	
足球场形制	11人制	5人制	11人制	5人制
长度（m）	90～120（105）	38～42	90～120（105）	25～42
宽度（m）	45～90（68）	18～22	45～90（68）	15～25
草坪延展区（m）	边线外≥1.5	≥1.5	边线外≥4.0	≥1.5
	端线外≥2.0			
	球门线后≥6.0			
	球门区后≥3.5（罚球区）		端线外≥5.0	
室内缓冲区（m）	—	≥1.5	—	≥1.5

注：①比赛场地和训练场地的尺寸在规定范围内允许浮动，其中括号内尺寸为标准11人制足球场尺寸。
　　②比赛场地的尺寸和划线分区应符合相关国际比赛规则的要求。

1.2.4　根据场地所处环境的不同，可分为室内场地和室外场地

　　室内足球场和室外足球场两者技术指标的差异主要为场地照度、场地净高和面层材料。

　　根据《城市社区体育设施技术要求》，足球场应保证照明的均匀度，避免眩光，照度均匀度为0.6lx，其中室内足球场照度不应低于200lx，室外足球场照度不应低于150lx；室内足球场的室内空间最小净高为7m。

　　另外，足球场的地面层常用材料为土质、天然草坪、人造草坪、合成材料预制块（卷材）、运动木地板，其中室内足球场的地面层常用材料为人造草坪、合成材料预制块（卷材）和运动木地板，室外足球场的地面层常用材料为土质、天然草坪、人造草坪、合成材料预制块（卷材）（表1-7）。

《城市社区体育设施技术要求》中室内和室外足球场存在差异的技术指标　　　表1-7

场地类型	室内足球场	室外足球场
照度（lx）	≥200	≥150
场地上空净高（m）	≥7	—
常用面层材料	合成材料预制块（卷材）、运动木地板、人造草坪	土质、天然草坪、人造草坪、合成材料预制块（卷材）

1.2.5　根据场地服务对象的不同，可分为校园足球场地和社会足球场地

　　校园足球场指位于中小学以及高等院校内部，主要用于校园足球教学和校园比赛，在不影响学校正常使用的前提下向社会开放。社会足球场指除校园足球场以外，长期向社会民众开放的各类足球场。

图1-6 冰岛的室内地热足球场
图片来源：网络
(http://www.sohu.com/a/236786471_491189)

1.2.6 根据场地可使用时间的不同，可分为长期性场地和临时性场地

长期性足球场一般指位于学校、体育中心、体育馆和体育公园中的足球场，不易因为建筑拆迁、改造等建设行为而拆除，有较强的稳定性。长期性足球场以外的其他足球场都属于临时性足球场，易受到各类建设行为和其他因素的影响。如位于闲置地块上的足球场，地块开发时将会被拆除；位于河漫滩中的足球场，洪水季节可能被淹没而无法使用。

1.3 社区足球场的特征

1.3.1 场地特征：建设选型和选材自由度较高，以非标准场地为主

根据前文总结的相关标准规范文件，社区足球场主要有11人制、8人制、7人制、5人制、4人制、3人制共六类。最小的3人制足球场长20m、宽12m，最大的11人制足球场长120m、宽90m，即足球场的面积小至数百平方米，大至上万平方米。可见社区足球场的尺寸选型自由度甚高。

同时，社区足球场在地面材质选择上也非常丰富，室外场地一般可选用天然草、人造草、原土细砂、合成材料预制块或卷材等材料，室内场地则一般可选用运动木地板、木塑预制板、硬质地面、人造草等。可见与其他球类运动相比，社区足球场也是选材自由度较高的一种场地。

另外，目前国内已有一些屋面足球场、可简易搭建拆除的笼式足球场、气膜结构足球场等建设实践，多样化的足球场建设方式已成为未来发展的趋势（图1-7～图1-9）。

1.3.2 功能特征：以满足大众健身休闲为主的多功能兼容性设施

社区足球场立足于社区，往往作为大中型体育设施或社区公共服务设施、公园绿地的配套而建设。与用于竞技比赛的专业足球场或田径运动场不同，社区足球场是以日常

图1-7 笼式足球场
图片来源：网络（http://www.diamondsports.com.cn/uploadfile/2014/1217/20141217075726689.jpg）

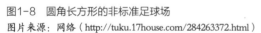

图1-8 圆角长方形的非标准足球场
图片来源：网络（http://tuku.17house.com/284263372.html）

图1-9 气膜足球场
图片来源：作者自摄

体育锻炼为主要功能的运动场地，以满足群众健身、大众休闲的需求为主要目的。因此社区足球场在满足足球运动基本要求的基础上，尺寸不一定为标准竞赛场地，也不需要设置专业的看台。

此外，社区足球场也可承载社区的其他类型活动，例如举办社区自发的小型体育赛事、足球运动培训，居民平日的休闲散步、社会文化交往活动等。

因此，社区足球场可以承担比足球运动场地更多的活动内容，成为一种多用途并具有兼容性的体育配套服务设施（图1-10）。

1.3.3 形象特征：场地识别度高，是具有标志性的社区体育配套服务设施

足球运动风靡世界，有"世界第一运动"的美誉，是最具影响力的体育运动。因此，足球运动场地被人们所熟知，在社会认识中场地识别度极高。其高识别度决定了足

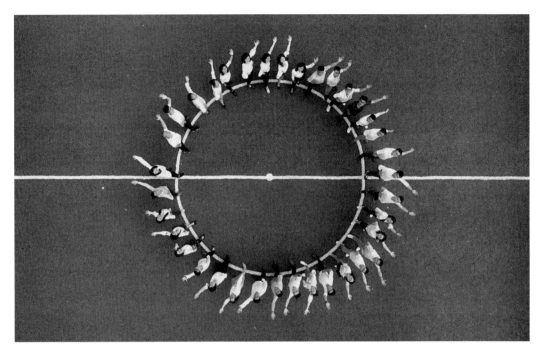

图1-10　社区足球场的多功能用途示意——摄影活动
图片来源：广州市城市规划勘测设计研究院景观与旅游规划设计所

球场在社区中除了作为配套服务设施，还具有一定的标志性，既易成为居民心中共同认知的地点标识，也易成为社区特点的代表事物。

具体来讲，国内社区体育设施一般集中配置于一处，形成由全民健身路径、羽毛球场、乒乓球台等组成的小型社区运动中心，这些设施往往是标准化、规模小、个性化程度较低、缺乏视觉吸引力的设施，而足球场则由于其承载的运动广为人知、场地规模较大、选型自由、材质多样而容易成为具有个性化和吸引力的大型场所，从而成为社区内最具标志性的体育运动配套设施。

社区足球场在满足基本运动场地要求的前提下，如能增添趣味性和吸引力，在场地形状、铺装、配套设施、景观环境上采用艺术化处理，更能凸显社区个性，吸引大众使用，带动周围其他公共设施建设及激发社区活力。

1.3.4　用地特征：城乡规划管控中多为非体育用地

社区足球场作为占地较大的一种体育场地，虽有一定面积规模，但因其立足于社区服务配套的功能，其占用或使用的土地在城乡规划管控中仍多被表达为非体育用地，即以体育场地的形式来表达。这里就需要详细辨析体育场地和体育用地的概念。

在我国不同专业领域中，对公共体育设施的承载空间会出现体育用地与体育场地的两种理解。

在城乡规划领域中，公共体育设施的配置要求主要体现在体育用地指标管控上。根据《城市用地分类与规划建设用地标准》GB 50137—2011，体育用地指体育场馆和体育训练基地等用地，包括体育场馆、游泳场馆、各类球场及其附属的业余体校等室内外体育运动用地，以及为体育运动专设的训练基地用地，不包括学校等机构专用的体育设施用地。也就是说，体育用地是以体育功能为主导的用地类型，其用地代码为A4。如常见的体育中心、体育馆、体育场等大型体育设施及全民健身中心、社区体育中心等集中建设的中型群众体育设施，其占用或使用的土地为体育用地。

在体育领域及其他行业中，公共体育设施主要通过体育场地进行控制。根据第六次全国体育场地普查要求，体育场地指各类体育设施实际占用的投影空间范围，包括室内和室外空间，含我们所能看见的所有体育设施。如位于学校、公园、企事业单位内的附属体育设施均占有一定的体育场地，但城乡规划中按照学校用地、公园绿地或单位用地的主导功能进行控制；建筑某层的体育设施，也占有一定的体育场地，但城乡规划中按照建筑所在用地的主导功能进行用地控制；高尔夫球场、赛马场等占用体育场地，但城乡规划中划归为康体用地，用地代码为B32。

不难理解，在体育用地有限的情况下，社区足球场的空间载体将会以非体育用地为主，它可位于居住用地、公园绿地中，也可位于公共服务用地、村镇建设用地中，甚至还会出现在教育科研用地、工业用地等用地上（图1-11）。

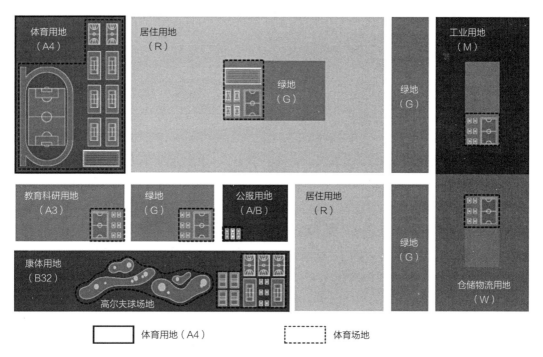

图1-11　我国现行规划用地分类标准下公共体育设施分布模式

进一步，从城乡规划管理角度来看，公共体育设施可分为独立占地与非独立占地两种类型[①]。独立占地指可以在控制性详细规划中表达为独立的体育用地（A4）的设施，通常设施规模较大、功能较齐全，一般建设为市区级设施和集中型的社区级设施；非独立占地指在控制性详细规划中无法单独表达出用地的设施，而作为居住用地、公园绿地等其他用地的配套服务设施进行点位控制，通常设施规模较小、功能较单一，需要在修建性详细规划中才能确定具体的空间位置。可以看出，由于社区足球场多为非体育用地，多属于非独立占地的类型。因此，其具体的空间位置在控制性详细规划层面通常难以明确规定及表达，需要通过专项规划或以下层次的修建性详细规划予以确定。这一用地特征是我国城乡规划管理制度下公共体育设施分布的基本国情，也将决定社区足球场规划建设的基本方法。

---

① 闫永涛，许智东，黎子铭. 面向全面健身的公共体育设施专项规划编制探讨——以广州为例 [J]. 规划师，2015，31（7）：11-16.

第2章
研究综述及研究意义

2.1 研究综述

足球运动是世界体育运动中开展最为广泛、影响最大的运动项目，依托其开展活动的足球场地自然成为体育运动中最重要的体育设施之一，并一直都是理论界关注和研究的重点。通过系统梳理足球场地的相关文献，发现对足球场地的研究以体育界为主，多出自与体育行业相关的研究机构或专业院校。近年来城市规划学者和从业者开始涉及足球场地的相关规划和研究，但相关研究成果并不丰富，尤其是社区足球场地规划建设的理论及实践研究十分匮乏。现将相关研究进展分述如下。

2.1.1 体育界对足球场地的相关研究

体育界对足球场地的相关研究成果，集中在场地建设技术研究、场地评价研究、场地运营管理研究三个方面。

（1）场地建设技术研究

场地建设技术研究聚焦足球场地本身的工程建设技术，侧重于从工程、景观等方面对足球场地最核心的设施——草坪进行研究。吴宇坤详细介绍了人造草坪足球场的发展、分类、优点、设计、施工、维护六个方面[1]；段景联等人从草坪坪用性状选择、草种的混播组合与混播技术、草坪播种与建植方式、播种量的确定和播种方法、足球场草坪的特殊性等方面研究了足球场草坪的建植与养护方法[2]。

（2）场地评价研究

场地评价研究聚焦足球场地设施（包括草坪）的质量评价，以及足球场地的建设情况评价两个方面。

一是通过建立特定的评价模型和评价体系，实现对足球场地设施（包括草坪）的质量评价。陈雨峰等人在总结国内外足球场地评价的相关标准和文献的基础上，将各类场

---

① 吴宇坤. 浅谈室外人造草坪足球场的建设 [J]. 中国信息科技, 2009（6）: 74-76.
② 段景联, 董迎合. 足球场草坪的建植与养护 [J]. 山西建筑, 2009, 35（20）: 352-353.

地使用者对评价指标的认知重要性引入评价体系，建立的足球场地质量评价体系，包括草坪草质量、坪床质量、外观质量、运动质量4大类24个评价指标，并设定了各个评价指标的阈值[1]；李龙保等人对广州亚运会16块足球场草坪质量，运用层次分析法和模糊数学综合评判方法进行质量综合评价，其中评价指标包括平整度、牵引力、滚动摩擦、回弹性、硬度、密度、盖度、高度、质地9项指标[2]。

二是对足球场地建设现状的评价，集中在对足球场地的用地现状、建设现状、发展建议和对策分析等方面。吴灿等人针对高校足球场地目前数量不达标、师生满意度较低、配套设施不完善等建设现状，提出加强政府管理、强化学校领导意识以及增加社会资源利用率等改善建议[3]；王大鹏等人通过详细现状数据分析，认为辽宁省足球场地建设现状存在数量不足、分布不均、利用率不高等问题，并提出了合理规划、增加数量、挖潜盘活存量、探索多元化土地使用政策等若干政策和建议[4]。

（3）场地运营管理研究

场地运营管理研究包括足球场地器材管理、养护管理、场地运营三个方面。

一是器材管理方面的研究。屈丽蕊等人认为我国中小学校园足球场地器材管理存在足球场地配置率偏低、城乡分布不均且规格不一，足球场地面材质种类繁多且部分材质具有安全隐患，城镇学校足球配置率和配置达标率高于乡村学校等现状和问题，并提出了四点对策建议[5]。

二是足球场地养护管理方面的研究。郭庆华等人从修剪、施肥、松土、防除杂草、灌溉、覆土、病虫害防治、草坪养护管理制度等方面介绍了足球场草坪的养护管理技术要求，力求做到依据足球场的运动功能特点和草坪的生态习性进行科学养护[6]。

三是场地运营方面的研究。由于受计划经济体制的历史影响，我国的足球场地同一般的公共体育设施一样，主要由体育行政部门或其下属事业单位负责统一管理与运营。在运营模式上目前主要有自主运营、合作运营、委托运营三种模式[7]，其中又以自主运营占绝对主体，大部分足球场地在运营效益上，同其他大型体育场馆一样，属于亏损状

①　陈雨峰，宋桂龙，韩烈保. 中国足球场场地质量评价体系构建——基于评价指标的认知度建立足球场场地质量分级评价体系 [J]. 草业科学，2017，34（3）：488-501.
②　李龙保，林世通，黎瑞君，张巨明. 广州亚运会足球场草坪质量的综合评价 [J]. 草业科学，2011，28（7）：1246-1252.
③　吴灿，张碧昊. 关于高校足球场地设施的建设现状和对策分析 [J]. 体育科技文献通报，2016，24（2）：125-126.
④　王大鹏，王闯，崔爱玲. 辽宁省足球场用地现状及政策建议 [J]. 国土资源，2016（12）：42-43.
⑤　屈丽蕊，高飞. 我国中小学校园足球场地器材管理研究 [J]. 体育文化导刊，2014（8）：123-126.
⑥　郭庆华，李国卿，杨雯. 足球场草坪养护管理 [J]. 现代园艺，2013（6）：196.
⑦　自主运营是指体育场业主业主直接对该体育场地开展经营管理活动；合作运营指体育场业主与另一方或另几方通过签订合同协议的方式，共同合作经营管理该场地；委托运营指业主通过一定的方式选择合适的经营者，以签订合同协议的方式，代理业主经营体育场地及附属用房，业主不再直接参与经营管理。

态，需要全额或差额财政拨款扶持[①]。

2.1.2　公共体育设施规划建设相关研究

随着近年来城市规划领域对体育设施逐步重视，公共体育设施规划建设的相关研究成果也开始出现，但研究内容多集中在对公共体育设施发展情况的总结以及规划方法的探讨上，归纳起来主要有以下四个方面。

（1）对体育设施发展历程和情况的总结

闫华等人采用文献资料法、分析法和综合法对我国体育设施建设的现状与发展进行了详细的研究，总结出体育场馆数量相对少，质量差，人均场地面积不足，场馆结构不合理，建设速度和数量上发展不平衡，场馆占用现象突出等问题[②]；杨坤从时代历史演进、规模布局演进、功能结构演进、配套设施演进和管理模式演进等方面描述了我国公共体育设施的发展历程，在总结分析上述研究成果的基础上，提出今后我国城市公共体育设施建设的发展方向[③]。

（2）对体育发展政策的研究

肖谋文通过对新中国成立以来4个阶段群众体育政策的系统总结和理论阐释，从政策指导思想、政策制定、政策执行、政策反馈等方面总结出群众体育政策的演进路径，并提出四点启示[④]。

（3）对社区体育设施发展的研究

胡茵采用综合方法，就社区体育公共服务体系的建设与完善进行系统研究，从时空两个视角了解和掌握社区体育公共服务形成与发展规律及其在各个时期的主要特征，从社会层面总结和分析改革开放30多年来我国社区体育公共服务体系的变化和特点[⑤]。

（4）对体育设施专项规划的探讨

蒋蓉等人通过明确建设标准，落实了各级公共体育设施规划，并以非城市建设用地作为规划体育设施的用地补充，对公共体育设施规划提出了实施建议[⑥]；蔡云楠等人从我国公共体育设施发展的转变及其概念和属性的延伸分析入手，从公共体育设施规划的思路、方法和配置标准等方面进行思考与探索，以期推动未来我国公共体育设施的建设[⑦]；闫永涛等人结合广州实践，对面向全民健身的公共体育设施专项规划的编制策略

① 陈元欣，刘倩. 我国大型体育场馆运营管理现状与发展研究［J］. 体育成人教育学刊，2015，31（6）：23-31.
② 闫华，蔺新茂. 我国体育设施建设现状与发展研究［J］. 成都体育学院学报，2004，30（2）：33-36.
③ 杨坤. 我国城市公共体育设施发展的演进历程［J］. 福建体育科技，2012，31（4）：1-3.
④ 肖谋文. 新中国群众体育政策的历史演进［J］. 体育科学，2009，29（4）：89-96.
⑤ 胡茵. 我国社区体育公共服务体系的建设与完善［J］. 北京体育大学学报，2009，32（5）：12-15.
⑥ 蒋蓉，陈果，杨伦. 成都市公共体育设施规划实践及策略研究［J］. 规划师，2007，23（10）：26-28.
⑦ 蔡云楠，谷春军. 全民健身战略下公共体育设施规划思考［J］. 规划师，2015，31（7）：5-10.

及方法进行了研究①。

2.1.3 足球场地设施规划建设相关研究

近年来，城市规划领域开始关注公共体育设施并产生了一定的研究成果，但当前城市规划对单项体育设施的研究相对较为缺乏，尤其是足球场地规划建设方面的研究较少。就目前的研究成果看，对足球场地设施规划建设方面的研究主要集中在以下两大方面。

（1）聚焦足球场地设施本身的规划设计

关于足球场地设施的规划设计，包括综合设计、建筑设计、景观设计、配套设施设计等方面，本质上是针对足球场地本身的规划设计。

一是综合设计方面。冯淑芳等人对我国现有四个专业足球场（上海虹口足球场、天津泰达足球场、四川龙泉足球场、上海金山体育场）的存在问题进行了分析，并总结了我国专业足球场设计在前期策划、规划和建筑设计等方面的规律②。

二是建筑设计方面。李晓欣对历届世界杯体育场和国内外专业足球场的建筑设计进行了详细研究，主要讨论了体育场设计的普遍性和专业足球场设计的特殊性，并通过中外足球场建筑的情况对比和实例分析，对专业足球场建筑设计进行理论总结③。

三是景观设计方面。朱应昌从用地与景观关系、功能与景观关系、地方特色景观、小品设施景观、保护和利用景观等方面专门对足球场地的景观设计进行了研究，并以韩国汉城奥林匹克公园、汉城世界杯赛场、蔚山体育公园为实例进行论证说明④。

四是配套设施设计方面。赵文亚从需求分析、灯具布置、照度和炫光测算、智能照明控制、供电方案、安装调试及检测等方面，对大型足球场地的照明系统设计和施工进行了理论探讨和实践研究⑤。

（2）跳出足球场地本身，从更宏观的视野研究足球场地的规划建设

除聚焦足球场地本身的规划设计外，从更宏观的视野研究足球场地规划建设也是城市规划领域对足球场地设施研究的重要贡献之一，而目前关于这方面的相关研究较少，聚焦社区足球场地规划建设的研究更少。

一是在理论研究方面，仅有黎子铭等人发表的《全民健身新时期的社区足球场规划建设模式》一文⑥，专门对社区足球场的规划建设模式进行了理论研究。该研究借鉴英

① 闫永涛，许智东，黎子铭. 面向全面健身的公共体育设施专项规划编制探讨——以广州为例 [J]. 规划师，2015，31（7）：11-16.
② 冯淑芳，张楠. 浅谈我国专业足球场设计 [J]. 中外建筑，2009（6）：146-148.
③ 李晓欣. 专业足球场建筑设计研究 [D]. 上海：同济大学，2007.
④ 朱应昌. 综合性体育场馆与足球场景观设计初探 [D]. 北京：北京林业大学，2003.
⑤ 赵文亚. 大型足球场照明系统设计与施工 [J]. 中华建设，2013（8）：81-83.
⑥ 黎子铭，闫永涛，张哲，等. 全民健身新时期的社区足球场规划建设模式 [J]. 城市规划，2017，41（5）：42-48.

国、巴西、日本、香港、广州等国家和地区的先进建设经验，总结提炼出社区足球场在大型体育中心配建、作为社区服务配套建设、融入公园广场建设、活化利用废弃闲置地建设、利用竖向空间建设、开放利用其他公共服务单位场地6种规划建设模式，并对各种建设模式的应用分别进行了探讨。

二是在实践研究方面，仅有张哲等人发表的《广州社区小型足球场建设布局规划实践及思考》一文[①]，专门对社区足球场规划建设实践进行了相关研究和思考。该文遵照"重民生、重过程、重协调、重实施"的规划思路，在满足规划基本要求的基础上，最大限度地表达市民真实意愿，从规划思路、规划方法和后续保障等方面对广州市社区小型足球场建设布局的实践进行了总结及思考。

三是在标准和规定方面，部分城市正在探索将足球场地纳入城乡规划管理技术规定中。例如，山东省威海市2015年印发实施的新版《威海市城乡规划管理技术规定（土地使用、建筑管理）》，将小型足球场地纳入居住区内规划建设要求。

2.1.4 小结

综上来看，目前对足球场地的相关研究以体育系统的研究为主，城市规划领域的相关研究总体偏少。而城市规划领域已有的相关研究中，又以聚焦足球场地本身的规划、建筑、景观、配套设计为主，缺少从更高宏观层次的视野研究足球场地的规划建设，尤其是社区足球场地规划建设的理论及实践研究目前十分匮乏。

然而，在国家大力推动实施足球改革、振兴发展足球事业、加快足球场地设施建设的当下，社区足球场地已经成为夯实足球运动发展基础、推广普及足球运动、提高足球运动水平、响应全民健身国家战略的重要公共服务设施载体。因此，迫切需要在社区足球场地规划建设的实践基础上，尽快探索社区足球场地规划建设的相关理论和方法，为我国全面推进社区足球场地规划建设提供扎实的空间规划支撑和建设实施指导。

2.2 研究意义

2.2.1 社区足球场是中国体育强国梦想的重要基石

足球是具有广泛影响力的世界性运动，世界上的足球强国无一不重视足球运动的发展。国际经验表明，为市民提供最普通、最常用的足球场地设施（也就是本研究中所指的社区足球场）是当今世界足球强国培育足球后备人才、提高足球运动水平、推广普及

---

① 张哲，闫永涛，许智东，等. 广州社区小型足球场建设布局规划实践及思考［A］//中国城市规划学会，贵阳市人民政府. 新常态：传承与变革——2015中国城市规划年会论文集［C］. 北京：中国建筑工业出版社，2015.

足球运动的普遍做法，即使是在"足球王国"巴西的贫民窟，小孩也可以在政府兴建的"社区足球场"踢足球，凸显了社区足球场在国家足球发展战略中的重要基石作用。

党的十八大以来，以习近平同志为核心的党中央把振兴足球作为发展体育运动、建设体育强国的重要抓手。在"足球从娃娃抓起"以及全面健身上升为国家战略等背景下，社区足球场正逐步成为我国储备足球后备人才、振兴和发展足球、促进体育运动全面发展、实现体育强国梦的重要基石。

2.2.2　社区足球场是全民健身国家战略的重要载体

全民健身是实现全民健康的重要途径和手段，是全体人民增强体魄、幸福生活的基础保障。2014年国务院印发的《关于加快发展体育产业促进体育消费的若干意见》（国发〔2014〕46号）将全民健身上升为国家战略。

全民健康是目标，全民健身是手段，各类体育设施是硬件支撑。足球是一项深受广大人民群众喜爱的体育运动，随着经济社会的快速发展，人民群众对足球场地设施的需求与日俱增。尤其是社区足球场地，因为其占用地面积小、开展形式较为灵活，受到市民的普遍喜爱，成为我国实施全民健身国家战略的重要载体。

2.2.3　社区足球场规划建设迎来热潮，亟需理论方法指导

自2015年《中国足球改革发展总体方案》（国办发〔2015〕11号）印发以来，国家层面相继出台了《中国足球中长期发展规划（2016—2050年）》（发改社会〔2016〕780号）、《全国足球场地设施建设规划（2016—2020年）》（发改社会〔2016〕987号）等政策和规划文件，为我国足球事业改革发展制定了顶层设计方案，此后全国各地迎来足球场规划建设的热潮，社区足球场是其中的重中之重。

然而，正如前面文献综述中提到的那样，与足球热潮相对的是，当前社区足球场规划建设的理论及方法仍然处于较薄弱的阶段，在本轮社区足球场建设的热潮中，如何制定合理的建设目标？如何确定科学的空间选址？如何保障落地建设实施？这些涉及社区足球场建设的具体问题，都亟需相关的理论和方法指导。因而，及时根据已有的地方实践和典型经验，总结社区足球场地规划建设的理论、方法，对指导全国层面的社区足球场规划建设无疑具有极其重要的现实意义。

2.3　主要政策解读

社区足球场地的规划建设与国家和地方层面的政策设计紧密相关。在学术界关于社区足球场地规划建设的相关研究匮乏的前提下，系统梳理国家和地方层面的相关政策和

规划文件，对我们理清社区足球场地规划建设的相关要点、问题和难题无疑具有重要帮助。鉴于此，本书尝试从国家和地方两个层面分别对社区足球场地规划建设的相关政策和规划进行解读，以期更好地认识和指导社区足球场地的规划建设。

2.3.1 国家层面政策解读

2014年10月，国务院印发《关于加快发展体育产业促进体育消费的若干意见》（国发〔2014〕46号），为进一步加快发展体育产业、促进体育消费提出了多方面的意见。该意见指出，各级政府要结合城镇化发展统筹规划体育设施建设，合理布点布局，重点建设一批便民利民的中小型体育场馆、公众健身活动中心、户外多功能球场、健身步道等场地设施……应盘活存量资源，改造旧厂房、仓库、老旧商业设施等用于体育健身……以足球、篮球、排球三大球为切入点，加快发展普及性广、关注度高、市场空间大的集体项目，推动产业向纵深发展……对发展相对滞后的足球项目制定中长期发展规划和场地设施建设规划，大力推广校园足球和社会足球。

为贯彻落实该意见，国务院、国家发展改革委、体育总局，以及各省/市/自治区发展改革、体育等部门，相继制定出台足球改革方案/实施意见、足球发展规划、足球场地设施建设规划等政策和规划文件。现在分别解读如下。

（1）《中国足球改革发展总体方案》（国办发〔2015〕11号）

该方案于2015年3月8日由国务院办公厅印发，是党的十八大以来，尤其是全面深化改革以来足球领域的顶层设计，是党中央、国务院针对当前我国足球事业发展中面临的各种政策、体制、机制等问题，围绕振兴足球事业、建设体育强国做出的战略部署。

该方案提出了改革推进校园足球发展、普及发展社会足球、加强足球场地建设管理等多方面要求。其中，具体涉及的"推进校园足球发展和社会足球普及，以及明确提出扩大足球场地建设数量、予以政策扶持"等内容为社区足球场规划建设明确了主要目标和方向（表2-1）。

《中国足球改革发展总体方案》涉及足球场规划建设内容摘录　　　　表2-1

原文章节	原文内容	核心要点摘录
五、改革推进校园足球发展	（二十）推进校园足球普及。各地中小学把足球列入体育课教学内容，加大学时比重。以扶持特色带动普及，对基础较好、积极性较高的中小学重点扶持，全国中小学校园足球特色学校在现有5000多所基础上，2020年达到2万所，2025年达到5万所，其中开展女子足球的学校占一定比例。	推广中小学校园足球特色学校
六、普及发展社会足球	（二十四）推动足球运动普及。坚持以人为本，推动社会足球加快发展，不断扩大足球人口规模。鼓励机关、事业单位、人民团体、部队和企业组建或联合组建足球队，开展丰富多彩的社会足球活动。注重从经费、场地、时间、竞赛、教练指导等方面支持社会足球发展。工会、共青团、妇联等人民团体发挥各自优势，推进社会足球发展。	推动社会足球加快发展

原文章节	原文内容	核心要点摘录
九、加强足球场地建设管理	（三十六）扩大足球场地数量。研究制定全国足球场地建设规划。把兴建足球场纳入城镇化和新农村建设总体规划，明确刚性要求，由各级政府组织实施。因地制宜建设足球场，充分利用城市和乡村的荒地、闲置地、公园、林带、屋顶、人防工程等，建设一大批简易实用的非标准足球场。创造条件满足校园足球活动的场地要求。 （三十七）对足球场地建设予以政策扶持。对社会资本投入足球场地建设，应当落实土地、税收、金融等方面的优惠政策。 （三十八）提高场地设施运营能力和综合效益。按照管办分离和非营利性原则，通过委托授权、购买服务等方式，招标选择专业的社会组织或企业负责管理运营公共足球场，促进公共足球场低价或免费向社会开放。推动学校足球场在课外时间低价或免费向社会开放，建立学校和社会对场地的共享机制。	多方式多途径扩大足球场地数量（鼓励建设非标准足球场）、加强足球场地建设的政策支持

该方案第一次将足球发展上升到前所未有的高度，是我国未来相当长一段时间内足球领域改革发展的纲领性文件，是足球领域所有政策和规划等文件的总抓手，国家和地方层面随后纷纷出台一系列政策和规划文件落实该方案。

（2）《中国足球中长期发展规划（2016—2050年）》（发改社会〔2016〕780号）

该发展规划由国家发展改革委、国务院足球改革发展部际联席会议办公室（中国足球协会）、体育总局、教育部共同编制，2016年4月6日经国务院同意后联合印发，是贯彻落实2015年出台的《中国足球改革发展总体方案》（国办发〔2015〕11号）的重要文件，从国家层面为足球发展制定了中长期规划。

该发展规划制定了"全国足球场地数量超过7万块，使每万人拥有0.5～0.7块足球场地"的近期目标（2020年）和"每万人拥有1块足球场地"的中期目标（2030年），明确提出了"建设社区足球场地设施，要在城市建设和新农村建设规划中统筹考虑社区足球场地建设，鼓励建设小型化、多样化的足球场地"。此外，在规划和土地政策方面，也重点针对社区足球场地设施规划建设，明确了相关支持政策（表2-2）。

《中国足球中长期发展规划（2016—2050年）》涉及足球场规划建设内容摘录　　表2-2

原文章节	原文内容	核心要点摘录
三、发展目标	（一）近期目标（2016—2020年）。校园足球加快发展，全国特色足球学校达到2万所……全国足球场地数量超过7万块，使每万人拥有0.5～0.7块足球场地。 （二）中期目标（2021—2030年）。管理体制科学顺畅，法律法规完善健全，多元投入持续稳定，足球人口基础坚实。每万人拥有1块足球场地。 （三）远期目标（2031—2050年）。全力实现足球一流强国的目标，中国足球实现全面发展，共圆中华儿女的足球梦想，为世界足球运动作出应有贡献。	扩大足球场地数量供给

原文章节	原文内容	核心要点摘录
四、主要任务（三）建设场地设施	科学规划足球场地设施发展。扩大足球场地供给……根据人口规模、自然条件、经济发展水平，逐步配置完善足球场地设施。制定各类足球场地建设指南。创新足球场地设施管理方式，促进场地设施集约高效利用。 加大校园足球运动场地建设力度。每个中小学足球特色学校均建有1块以上足球场地，有条件的高等院校均建有1块以上标准足球场地，其他学校创造条件建设适宜的足球场地。提高学校足球场地利用率，加快形成校园场地与社会场地开放共享机制。 推进社区配建足球运动场地。在城市建设和新农村建设规划中统筹考虑社区足球场地建设。鼓励建设小型化、多样化的足球场地，方便城乡居民就近参与足球运动。	扩大足球场地数量供给，科学布局足球场地设施，加大校园足球运动场地建设力度，加快推进社区足球场地建设
五、配套政策和保障措施（二）规划和土地政策	将足球场地设施建设纳入城乡规划、土地利用总体规划和年度用地计划，在配建体育设施中予以保障。鼓励新建居住区和社区配套建设足球场地，支持老城区与已建成居住区改造现有设施、增加足球活动空间。可利用有条件的公园绿地、城乡置换场所等设置足球场地。对单独成宗、依法应当有偿使用的新建足球场地设施项目用地，供地计划公布后只有一个意向用地者的，可采取协议方式供应。在其他项目中配套建设足球场地设施的，可将建设要求纳入供地条件。利用以划拨方式取得的存量房产和原有土地兴办足球场地设施，土地用途和使用权人可暂不变更，连续运营1年以上、符合《划拨用地目录》的，可以划拨方式办理用地手续；不符合的，可采取协议出让方式办理用地手续。严禁改变足球场地设施用地的土地用途，对于不符合城市规划擅自改变土地用途的，应由政府收回，重新安排使用。	保障足球场地设施的用地需求，鼓励足球场地设施的兼容建设

　　该发展规划第一次明确了建设社区足球场地设施的相关要求和政策支持，首次为我国社区足球场地规划建设提供了清晰的发展目标和规划指引，也是国家和地方层面足球场地设施建设规划制定的重要依据。

　　（3）《全国足球场地设施建设规划（2016—2020年）》（发改社会〔2016〕987号）

　　该建设规划由国家发展改革委、教育部、体育总局、国务院足球改革发展部际联席会议办公室（中国足球协会）共同编制，2016年5月9日经国务院足球改革发展部际联席会议原则同意后印发，是贯彻落实2015年出台的《中国足球改革发展总体方案》（国办发〔2015〕11号）和2016年出台的《中国足球中长期发展规划（2016—2050年）》（发改社会〔2016〕780号）的又一重要文件，是在中国足球改革方案和中长期发展规划基础上，落实到建设实施层面的顶层规划。

　　该建设规划落实了《中国足球中长期发展规划（2016—2050年）》的足球场地近期建设目标，提出了到2020年的建设目标为：全国建设足球场地约6万块（包括修缮改造校园足球场地4万块、改造新建社会足球场地2万块），新建2个国家足球训练基地，实现足球设施的利用率和运营能力有较大提升，经济社会效益明显提高，初步形成布局合理、覆盖面广、类型多样、普惠性强的足球场地设施网络。此外，对足球场地的建设方式、资金来源、场地开放利用、组织实施等方面提出了具体要求（表2-3）。

《全国足球场地设施建设规划（2016—2020年）》涉及足球场规划建设内容摘录　　表2-3

原文章节	原文内容	核心要点摘录
三、目标和任务	到2020年，全国足球场地数量超过7万块，平均每万人拥有足球场地达到0.5块以上，有条件的地区达到0.7块以上。全国建设足球场地约6万块。 修缮改造校园足球场地4万块。坚持因地制宜，逐步完善，充分利用现有条件，每个中小学足球特色学校均建有1块以上足球场地，有条件的高等院校均建有1块以上标准足球场地，其他学校创造条件建设适宜的足球场地。 改造新建社会足球场地2万块。除少数山区外，每个县级行政区域至少建有2个社会标准足球场地，有条件的城市新建居住区应建有1块5人制以上的足球场地，老旧居住区也要创造条件改造建设小型多样的场地设施。	明确2020年全国足球场建设总目标，以及校园足球场和社会足球场建设目标
四、建设方式和资金来源（一）建设方式	综合利用。立足整合资源，充分利用体育中心、公园绿地、闲置厂房、校舍操场、社区空置场所等，拓展足球运动场所。 修缮改造。立足改善质量，对农村简易足球场地进行改造，支持学校和有条件的城市社区改善设施水平。 新建扩容。立足填补空白，将足球场地设施建设纳入城乡规划、土地利用总体规划和年度用地计划，合理布局布点，在缺乏足球场地的中小学校、城乡社区加快建设一批足球场地。	鼓励综合利用、修缮改造、新建扩容等多种方式建设足球场地设施

该建设规划在建设实施层面为未来我国足球场地设施建设做出了总体部署，是各省、自治区、直辖市以及地方城市制定当地足球场地设施建设规划的直接依据。

（4）《关于做好足球场地设施布局规划建设的指导意见》（建办规〔2017〕37号）

该指导意见由住房和城乡建设部办公厅、国家发展和改革委员会办公厅、教育部办公厅、国土资源部办公厅、国家体育总局办公厅、国务院足球改革发展部际联席会议办公室于2017年5月9日联合印发，是从全国层面对足球场地设施规划建设涉及相关重点工作进行的安排和部署，支撑《全国足球场地设施建设规划（2016—2020年）》（发改社会〔2016〕987号）的实施。

该指导意见严格落实《全国足球场地设施建设规划（2016—2020年）》提出的"在现有1万余块基础上，修缮改造校园足球场地4万块，改造新建社会足球场地2万块，到2020年全国足球场地数量超过7万块，平均每万人拥有足球场地达到0.5块以上，有条件的地区达到0.7块以上"的目标，要求各地制定"十三五"时期足球场地设施建设规划，分解落实相关指标，明确建设目标、建设类型和年度实施计划，通过标准修订、规划编制、建设实施、监督管理等举措，确保数量上达标、空间上落实、建设上有序（表2-4）。

《关于做好足球场地设施布局规划建设的指导意见》涉及足球场规划建设内容摘录　表2-4

原文章节	原文内容	核心要点摘录
一、提高认识，提供规划保障	要求各地制定"十三五"时期足球场地设施建设规划，明确建设目标、建设类型和年度实施计划，分解落实相关目标……确保数量上达标、空间上落实、建设上有序。	明确建设目标，强化指标落实
二、抓住重点，保证实现"十三五"目标	（一）全面摸清足球场地设施用地情况。 （二）加快体育场地设施规划的实施。加快已规划未建设的体育场地设施建设，根据"十三五"时期足球场地设施建设目标，优先安排足球场地设施的选址和建设。 （三）新城区要落实规划设计标准。加强包括足球场地设施在内的社区公共服务设施建设，配建的足球场地设施应与新建居住（小）区同步设计、同步施工、同步投入使用。 （四）旧城区要补齐体育设施短板。利用各类空闲用地、废弃厂房、街角广场等改造建设小型多样的场地设施。既有学校改扩建时要创造条件建设适宜的足球场地。 （五）充分挖潜利用现有空间资源。合理利用具备条件的公园绿地、河滩地、荒地、闲置地、废弃工矿地等建设或修缮一批足球场地设施。有条件的体育公园、郊野公园可建设标准足球场地设施，其他的应以建设非标准足球场地设施为主。	摸清现状，加快实施，新区落实标准，旧城补齐短板，挖潜已有资源
三、提前谋划，做好远期规划	（一）修订相关标准。各地要根据本地经济社会发展和公共设施需求，组织修订公共设施规划建设的地方标准，研究提高包括体育设施在内的各级公共服务设施规划标准，进一步提高人均体育设施用地水平。 （二）开展体育设施专项规划。分层分级做好公共体育设施的规划布局和用地安排，重点提出包括足球场地设施在内的公共体育设施建设要求。 （三）加强对规划的实施监管。要严格落实城市总体规划、控制性详细规划安排的体育用地，不得随意改变用途。	修订标准，编制规划，强化实施监管
四、部门协调，抓好任务落实	（一）各级住房城乡建设（城乡规划）部门要将足球场地设施纳入各层次城乡规划，规范规划审批、建设和验收流程，加快建设项目实施。 （二）各级国土资源部门要进一步加大用地政策支持力度。优先安排用地，积极做好用地保障和服务。鼓励社会资本和民营企业参与足球场地设施建设，符合《划拨用地目录》的，以划拨方式供地。对营利性足球场项目，出让底价可按不低于土地取得成本、开发成本以及按照国家规定应当缴纳的有关税费之和确定。鼓励盘活存量土地资源建设临时、非标准足球场。 （三）各地体育、教育部门要与相关部门共同研究制定具体措施，推动政府投资兴建的足球场地免费或低收费向社会开放，推动有条件的学校足球场对外开放，更好实现公共服务设施资源共享，提高足球场地设施使用效率。	纳入规划审批流程，加大用地支持力度，加快推动开放共享

　　该指导意见为"十三五"期间各地、各有关部门有针对性地开展足球场地规划建设工作，落实全国足球场地设施规划建设目标提供了重点工作方向和明确指导意见。

2.3.2 地方层面政策解读

在国家层面政策和规划的指引下，各地综合考虑本地区足球场地设施的发展基础、建设需求、建设能力等因素，纷纷制定出台地方层面的相关政策和规划。本书以广东省为例，聚焦社区足球场，对国家层面政策和规划在地方的落实情况、政策创新情况分别作解读和评价。

（1）《广东省足球改革发展实施意见》（粤府办〔2016〕71号）

该实施意见由广东省人民政府办公厅于2016年7月5日印发实施，落实了《中国足球改革发展总体方案》（国办发〔2015〕11号）有关推进校园足球发展、普及发展社会足球的指导要求，同时细化了加强足球场地设施建设管理和政策支持的具体内容。

在利用非体育用地建设足球场方面，该实施意见除了落实"利用城市和乡村的荒地、闲置地、公园、林带、屋顶、人防工程"等国家层面政策的要求，还允许利用广场建设中小型足球场。在政策保障方面，本实施意见细化了国家关于落实土地和规划方面的优惠政策的要求，要求从规划设计、规划审批、土地供给等方面优先保障足球场地设施建设（表2-5）。

《广东省足球改革发展实施意见》涉及足球场规划建设内容摘录   表2-5

原文章节	原文内容	核心要点摘录
三、主要任务（七）加强足球场地建设管理	加强足球场地规划建设。各地要按照配置均衡、规模适当、方便实用、安全合理的原则，科学规划、合理布点布局、统筹建设足球场地。完善现有足球场地功能，满足赛事组织需求。支持有条件的市、县（市、区）新建或改（扩）建足球场地。（省发展改革委会省财政厅、国土资源厅、住房城乡建设厅、体育局负责）增加足球场地数量。鼓励新建居住区和社区配套建设足球场地，支持老城区与已建成居住区改造现有设施、增加足球活动空间。充分利用城市和乡村的荒地、闲置地、公园、广场、林带、屋顶、人防工程等建设一大批简易实用、便民利民的中小型足球场，不断满足和方便群众就近参与足球运动。加大校园足球场地建设力度。每个中小学足球特色学校均建有1块以上足球场地，有条件的高等院校均建有1块以上标准足球场地，其他学校创造条件建设适宜的足球场地。（省发展改革委会省教育厅、财政厅、国土资源厅、住房城乡建设厅、体育局负责）	加强足球场地设施规划建设，增加足球场地数量
四、组织保障（四）加强规划和土地政策保障	将足球场地设施建设纳入各级城乡规划、土地利用总体规划和年度用地计划，统筹规划足球活动场地，优先给予用地支持。对单独成宗、依法应当有偿使用的新建足球场地设施项目用地，供地计划公布后只有一个意向用地者的，可采取协议方式供应。在其他项目中配套建设足球场地设施的，可将建设要求纳入供地条件。利用以划拨方式取得的存量房产和原有土地兴办足球场地设施，土地用途和使用权人可暂不变更，连续运营1年以上、符合《划拨用地目录》的，可以划拨方式办理用地手续；不符合的，可采取协议出让方式办理用地手续。严禁改变足球场地设施用地的土地用途，对擅自改变用地性质的依法查处。（省发展改革委、国土资源厅、住房城乡建设厅、体育局负责）	从规划设计、规划审批、土地供给等方面优先保障足球场地设施建设

该实施意见结合广东省实际省情，贯彻落实《中国足球改革发展总体方案》（国办发〔2015〕11号）相关要求，为广东省足球领域相关改革做出了总部署，是广东省足球场地规划建设工作的总纲领和总抓手。

（2）《广东省足球中长期发展规划（2017—2050年）》（粤发改社会〔2017〕306号）

该发展规划于2017年4月28日由广东省发展改革委、省体育局、省教育厅、省足协联合印发实施，明确了广东省全省足球场地设施的建设任务，进一步落实和细化了建设社区足球场、利用非体育用地建设足球场、强化规划和土地政策支持等具体内容（表2-6）。

《广东省足球中长期发展规划（2017—2050年）》涉及足球场规划建设内容摘录　　表2-6

原文章节	原文内容	核心要点摘录
二、主要任务 （八）建设场地设施	合理规划足球场地建设。将足球场地设施建设纳入城乡规划、土地利用总体规划和年度用地计划，充分利用国家有关体育设施建设和运营税费减免等方面优惠政策，因地制宜地完成好建设任务。到2020年，全省足球场地数量超过6500块，其中新建足球场地3000块，平均每万人拥有足球场地0.6块以上，有条件的地区达到0.7块以上。 创新足球场地建设方式。充分整合体育中心、公园绿地、闲置厂房、校舍操场、社区空置场所等场地资源，拓展足球运动场所。加强对农村简易足球场地修缮改造，支持学校和有条件的城市社区改善设施水平。加大新建扩容力度，合理布局布点，在缺乏足球场地的中小学校、城市社区加快建设一批足球场地。	明确足球场地建设任务，创新多种足球场地建设方式
三、保障措施 （二）强化政策保障	规划和土地政策。鼓励新建居住区和社区配套建设足球场地，支持老城区与已建成居住区改造现有设施、增加足球活动空间。可利用有条件的公园绿地、城乡空置场所等设置足球场地。对单独成宗、依法应当有偿使用的新建足球场地设施项目用地，供地计划公布后只有一个意向用地者的，可采取协议方式供应。在其他项目中配套建设足球场地设施的，可将建设要求纳入供地条件。利用以划拨方式取得的存量房产和原有土地兴办足球场地设施，土地用途和使用权人可暂不变更，连续运营1年以上、符合《划拨用地目录》的，可以划拨方式办理用地手续；不符合的，可采取协议出让方式办理用地手续。严禁改变足球场地设施用地的土地用途，对于不符合城市规划擅自改变土地用途的，应由政府收回，重新安排使用。	明确规划和土地方面的支持政策

该发展规划在利用非体育用地建设足球场的要求方面，融合了《全国足球场地设施建设规划（2016—2020年）》的要求：充分整合体育中心、公园绿地、闲置厂房、校舍操场、社区空置场所等场地资源，拓展足球运动场所；加强对农村简易足球场地修缮改造，支持学校和有条件的城市社区改善设施水平；加大新建扩容力度，合理布局布点，在缺乏足球场地的中小学校、城市社区加快建设一批足球场地。此外，对违反城市规划擅自改变土地用途的要求和规定，则融合了《中国足球中长期发展规划（2016—2050年）》的内容：严禁改变足球场地设施用地的土地用途，对于不符合城市规划擅自改变

土地用途的，应由政府收回，重新安排使用。

该发展规划融合了《中国足球中长期发展规划（2016—2050年）》、《全国足球场地设施建设规划（2016—2020年）》等文件的要求，为广东省中长期足球发展做出了长远部署，是广东省中长期足球发展的重要指导文件。

（3）《广东省足球场地设施建设规划（2016—2020年）》（粤发改社会〔2016〕862号）

该建设规划于2016年12月30日由广东省发展改革委、省教育厅、省体育局、省住房城乡建设厅、省足协联合印发实施，贯彻落实了《全国足球场地设施建设规划（2016—2020年）》《广东省足球改革发展实施意见》等文件精神，细化了全省足球场地建设目标和建设任务，落实了足球场地建设方式和土地、规划政策保障。

该建设规划在《全国足球场地设施建设规划（2016—2020年）》的基础上，创新了足球场地建设实施的工作机制，要求根据本规划和各地足球场地设施建设工作方案，进一步编制《广东省足球场地建设空间规划》和《广东省足球场地建设技术指引》，为各地科学编制、实施足球场建设规划提供全方位的技术支撑和发展指引。

《广东省足球场地设施建设规划（2016—2020年）》涉及足球场规划建设内容摘录　　表2-7

原文章节	原文内容	核心要点摘录
四、建设目标	到2020年，全省足球场地数量超过6500块，其中新建足球场地3000块，平均每万人拥有足球场地达到0.6块以上，有条件的地区达到0.7块以上。	明确全省足球场地建设任务
五、建设任务	建设校园足球场地2000块、新建社会足球场地1000块，建设专业足球场地和完善省级足球场地设施。	细化分解建设任务
六、建设方式	（一）综合利用。立足整合资源，充分利用体育中心、公园绿地、闲置厂房、校舍操场、社区空置场所等，拓展足球运动场所。 （二）修缮改造。立足改善质量，对农村简易足球场地进行改造，支持学校和有条件的城市社区改善设施水平。 （三）新建扩容。立足填补空白，将足球场地设施建设纳入城乡规划、土地利用总体规划和年度用地计划，合理布局布点，在缺乏足球场地的中小学校、城乡社区加快建设一批足球场地。	多种方式建设足球场地
八、组织保障（四）提供政策保障	各地要将足球场地设施建设纳入城乡规划、土地利用总体规划和年度用地计划，确保建设用地供给，优化简化足球场地建设项目审批。	规划审批、土地供给等方面的政策支持

该建设规划为全省和各地市足球场地建设实施做出了统筹安排和综合部署，发挥着指导各地市编制城市层面的建设实施规划的作用，也是编制《广东省足球场地建设空间规划》和《广东省足球场地建设技术指引》的重要依据。

（4）《广东省关于支持足球场地设施规划建设的若干政策意见》（粤建规〔2017〕90号）

该政策意见于2017年4月11日由广东省住房城乡建设厅、省教育厅、省国土厅、省体育局联合印发实施，贯彻落实了《关于加快发展体育产业促进体育消费的若干意见》（国发〔2014〕46号）、《中国足球改革发展总体方案》（国办发〔2015〕11号）、《全国足球场地设施建设规划（2016—2020年）》（发改社会〔2016〕987号）、《广东省足球改革发展实施意见》（粤府办〔2016〕71号）、《广东省足球场地设施建设规划（2016—2020年）》（粤发改社会〔2016〕862号）等文件精神，从全省实际出发，创新了足球场地设施规划建设管理的若干政策。

该政策意见在落实《广东省足球场地设施建设规划（2016—2020年）》总体目标的基础上，重点从统筹规划、建设用地指标、建设管理、共建共享、综合利用等方面着手，提出加强规划衔接和统筹，支持用地兼容和挖潜用地，多种方式保障用地供给，加强设施共用和综合利用等政策和意见，实现足球场地设施在规划、用地、建设、管理等全流程的政策创新，为指导广东省全省各地开展足球场地规划建设和运营管理提供了坚实的政策保障基础。

《广东省关于支持足球场地设施规划建设的若干政策意见》涉及足球场规划建设内容摘录

表2-8

相关重点	原文内容	核心要点摘录
一、建设目标	到2020年，全省5人制以上足球场地设施不低于6500块，其中新建足球场地3000块，每万人拥有足球场地设施不低于0.6块，其中省新型城镇化"2511"综合试点地级市、综合试点县（市、区）以及足球特色小（城）镇等有条件的地区力争达到0.7块以上。	明确全省足球场地建设任务
二、加强规划统筹，引导合理布局	各地要依据土地利用总体规划、城市总体规划和控制性详细规划以及体育设施、绿地系统等专项规划，编制足球场地设施建设实施方案，引导场地设施有序建设。 各地要在编制城市近期建设规划及年度实施计划、镇总体规划、县（市）域乡村建设规划和控制性详细规划中将足球场地设施建设实施方案相关内容纳入，明确刚性要求。	在规划方面，加强场地规划与各类规划的衔接统筹，并按照刚性要求组织实施
三、落实用地指标，保障用地供给	保障新增建设用地指标，省国土厅已经下达了体育设施专项用地指标到各地政府； 可利用非建设用地，如荒草地、盐碱地、河漫滩等未利用土地建设足球设施； 允许在不影响安全的前提下，在限建区（生态保护区、风景名胜区、森林公园非核心区、机场噪声控制区、道路红线控制区、行洪河道外围等）建设露天草坪足球场地； 鼓励以长期租赁、先租后让、租让结合等多种方式供应建设用地； 鼓励利用现有建设用地建设足球场地设施，可结合三旧改造、城市更新和城市"双修"，改造建设足球场地设施。	在用地方面，支持各地因地制宜、分类建设，多方式保障用地供给
四、规范建设管理，加快建设实施	严格落实出让地块足球场地设施配置要求； 鼓励新建居住区和商业区配套建设足球场地设施，草坪场地纳入绿地率核算，在容积率、建筑限高等方面予以奖励； 鼓励结合城市更新和城市"双修"建设中小型社区足球场地设施； 细化社区足球场地设施移交及规划条件核实要求。	在规划许可、设计条件、指标奖励等规划审批和建设管理中落实鼓励政策

相关重点	原文内容	核心要点摘录
五、完善管理体系，促进综合利用	推进专业管理和属地管理相结合； 鼓励大型场馆综合利用； 鼓励社区足球设施与其他设施共建共享等； 推动足球与旅游融合发展。	鼓励综合利用、共建共享、融合发展

该政策意见是在响应国家和省层面大力推进足球场地规划建设的背景下，从本省足球场地规划建设管理的实际出发，率先在全国各省、自治区、直辖市中，开展足球场地设施在规划、国土、建设等方面的政策探索，不仅为全省各地市足球场地规划建设管理提供了一系列政策指引，部分政策措施也体现到了随后国家住建部等多部委办公厅联合出台的《关于做好足球场地设施布局规划建设的指导意见》（建办规〔2017〕37号）中，这说明了该政策意见的前瞻性和创新性。

2.3.3 小结

国家和地方层面的相关政策和规划表明，当前国家和地方已经对足球场地规划建设进行了系统的顶层设计，从改革思路到发展规划再到建设实施最后到政策保障，形成了"改革方案—中长期发展规划—建设规划—政策保障"的全流程体系，为全国和地方的足球事业发展明确了宏观和长远的综合部署。

针对社区足球场地而言，国家和地方层面的相关政策和规划主要集中在建设管理、规划和土地方面的政策支持等方面。其中，建设管理主要包括对社区足球场地的综合利用、修缮改造、新建扩容等方式以及实施管理的创新，规划和土地政策主要包括对社区足球场地在规划设计、规划审批、土地供给等一系列相关流程和环节提供相关政策支持。

在当前学术界对社区足球场地规划建设的相关理论指导不足的背景下，国家和地方的上述相关政策和规划无疑具有重要引导作用，为下一步社区足球场地规划、建设、实施等提供了重要的发展指引和政策支持。

第3章
国内外足球场发展建设比较 ⋯⋯⋯⋯⋯⋯⋯⋯⋯⋯⋯⋯⋯⋯ 🏁

3.1 大陆地区足球场发展建设现状

3.1.1 数据来源与统计标准

（1）数据来源

本节分析所采用的是第六次全国体育场地普查的公开数据。该普查每10年开展一次，最新第六次普查的统计时点为2013年12月31日，普查范围为全国（不含港澳台地区）各系统、各行业、各种所有制形式的各类体育场地。

（2）统计标准

第六次全国体育场地普查的场地类型标准中，包含足球场的场地类型有体育场、足球场、室外7人制足球场、室外5人制足球场、室内5人制足球场五类，与足球场相关的场地类型有田径场、小运动场两类。

体育场：指有6条以上标准400m跑道、场地中心含有足球场、并建有固定看台的体育建筑，且观众席位不少于500个。

足球场：指供足球运动训练比赛健身等使用的室外体育场地；场地至少包括比赛区域（划线区）和缓冲区，其中比赛区域（划线区）不小于90m×45m，缓冲区为边线和底线外各1m。体育场、运动场中心含足球场的不单独统计为足球场。

室外7人制足球场：指供7人制足球运动训练比赛健身等使用的室外体育场地；场地至少包括比赛区域（划线区）和缓冲区，其中比赛区域（划线区）不小45m×45m，缓冲区为边线和底线外各1m。

室外5人制足球场：指供5人制足球运动训练比赛健身等使用的室外体育场地；场地至少包括比赛区域（划线区）和缓冲区，其中比赛区域（划线区）不小于25m×15m，缓冲区为边线和底线外各1m。

室内5人制足球场：指供5人制足球运动训练比赛健身等使用的室内体育场地；从内墙或看台下计算，其场地不小于25m×15m，还应保留底线外1m、边线外1m的缓冲区。

田径场：指有400m环形跑道、无固定看台或少于500个观众席位的室外体育场地。

小运动场：指有200m以上、不足400m环形跑道的室外体育场地。

可以看出：①前五类场地可以明确统计为足球场，后两类场地的环形跑道所围合的中心场地有可能是足球场，但通过现有数据无法明确；②3人、4人、8人制足球场并未有专门统计，也无法明确。基于此，本节仅利用前五类场地的数据进行分析。需要说明的是，实际上足球场的类型及数量要更丰富，但由于前五类场地涵盖了当前足球场的绝大多数，因此这些数据可以基本反映我国足球场建设的现状。

进一步，按照上述统计标准，足球场可以分为标准足球场（11人制足球场）与小型足球场两类。标准足球场包括体育场以及足球场两种场地类型，小型足球场包括室外7人制足球场、室外5人制足球场、室内5人制足球场三种场地类型。由于目前我国的标准足球场基本上不面向社区服务，因此，小型足球场与社区足球场的概念有一定的类似之处。但同时现状小型足球场大部分分布在教育系统，而教育系统足球场的对外开放率较低，所以小型足球场又不能简单地与社区足球场划等号。

3.1.2 足球场建设基本情况

全国现状足球场共有16330个，每万人拥有量0.12个；小型足球场共有6056个，仅占全部足球场的37.09%，每万人拥有量0.04个（表3-1）。根据北京万国群星足球俱乐部创建人罗文的统计，伦敦有约3000个足球场，每万人拥有足球场接近4个，相比而言，我国城市还有很大的提升空间。同时，为了更利于开展群众体育运动，今后我国应把足球场建设的重点放在小型足球场上。

全国足球场现状基本情况一览表　　　　　　　　　表3-1

场地类型	场地数量（个）	万人指标（个/万人）
足球场	16330	0.12
小型足球场	6056	0.04

对比2003年的第五次全国体育场地普查数据，在2003—2013年10年间，全国篮球类场地新增数量近48万个，排球场地新增数量超过3万个，而足球类场地新增数量只有近7100个，从目前的场地情况来看，足球场建设比其他场地的建设相对滞后（图3-1）。

3.1.3 场地形制构成情况

全国足球场建设目前以标准足球场（11人制足球场）为主，共有标准足球场10274个，

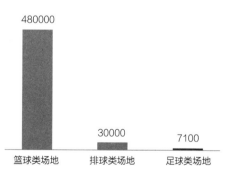

图3-1　全国三大球类场地新增数量对比图
（2003—2013年）（单位：个）
数据来源：第六次全国体育场地普查数据公报

数量占比62.92%，其中，体育场内含足球场5702个，独立足球场4572个。5人制足球场的
建设水平位于次位，共有3712个，数量占比22.73%；其中室外5人制足球场3672个，室内
5人制足球场40个。7人制足球场相对较少，全国仅有2344个，数量占比14.35%（表3-2）。

全国足球场形制构成情况一览表　　　　　　　　　表3-2

场地形制		场地数量（个）	场地数量占比（%）
标准足球场（11人制）		10274	62.92
其中	体育场	5702	34.92
	足球场	4572	28.00
7人制足球场		2344	14.35
5人制足球场		3712	22.73
其中	室外5人制足球场	3672	22.49
	室内5人制足球场	40	0.24
合计		16330	100

3.1.4 省级区域分布情况

第六次全国体育场地普查共分为33个省级（或相当于省级）统计单位，分别为北京
市、天津市、河北省、山西省、内蒙古自治区、辽宁省、吉林省、黑龙江省、上海市、
江苏省、浙江省、安徽省、福建省、江西省、山东省、河南省、湖北省、湖南省、广东
省、广西壮族自治区、海南省、重庆市、四川省、贵州省、云南省、西藏自治区、陕西
省、甘肃省、青海省、宁夏回族自治区、新疆维吾尔自治区、新疆建设兵团、火车头。
从统计数据来看，我国足球场的区域分布差异巨大。

足球场数量方面，广东、山东、新疆的数量最多，形成三个数量极点；长江沿岸地
区（上海市、江苏省、浙江省、安徽省等）的足球场数量次之；西部地区（甘肃省、青
海省、西藏自治区）的足球场数量比较少。

万人拥有足球场数量方面，西藏与新疆的指标较为领先，广东省与宁夏回族自治区
的指标紧随其后，中部地区的建设水平整体较为落后，这主要是受人口分布的影响。

综合来看，广东省的足球场建设情况最好，共有足球场2830个，小型足球场1503
个，两项指标均位于全国首位。山东省的足球场拥有量位于全国次位，共有足球场1063
个，但小型足球场275个，在全国仅属于中等水平。新疆维吾尔自治区的足球场建设在
全国也处于较好水平，共有足球场836个，且小型足球场占比高，有539个。青海省的足
球场建设处于落后水平，共有足球场91个，小型足球场23个，两项指标均位于全国末
位。宁夏回族自治区的足球场数量也位于末两位，共有足球场137个，但其小型足球场

占比较高，拥有小型足球场59个（表3-3、图3-2～图3-5）。

全国足球场省级单位分布情况一览表 　　　　　表3-3

名称	足球场数量（个）	小型足球场数量（个）	足球场万人指标（个/万人）	小型足球场万人指标（个/万人）	人口（万人）
全国	16330	6056	0.12	0.04	136222
北京市	426	168	0.20	0.08	2152
天津市	189	66	0.12	0.04	1517
河北省	483	107	0.07	0.01	7384
山西省	245	84	0.07	0.02	3648
内蒙古自治区	315	50	0.13	0.02	2505
辽宁省	481	167	0.11	0.04	4391
吉林省	349	67	0.13	0.02	2752
黑龙江省	493	168	0.13	0.04	3833
上海市	455	292	0.19	0.12	2426
江苏省	825	239	0.10	0.03	7960
浙江省	718	181	0.13	0.03	5508
安徽省	523	143	0.09	0.02	6083
福建省	388	130	0.10	0.03	3806
江西省	379	72	0.08	0.02	4542
山东省	1063	275	0.11	0.03	9789
河南省	689	208	0.07	0.02	9436
湖北省	515	147	0.09	0.03	5816
湖南省	484	101	0.07	0.01	6737
广东省	2830	1503	0.26	0.14	10700
广西壮族自治区	633	358	0.13	0.08	4754
海南省	172	61	0.19	0.07	903
重庆市	348	131	0.12	0.04	2991
四川省	732	236	0.09	0.03	8140
贵州省	253	95	0.07	0.03	3508
云南省	477	140	0.10	0.03	4714
西藏自治区	141	29	0.44	0.09	318
陕西省	394	139	0.10	0.04	3775

续表

名称	足球场数量（个）	小型足球场数量（个）	足球场万人指标（个/万人）	小型足球场万人指标（个/万人）	人口（万人）
甘肃省	190	47	0.07	0.02	2591
青海省	91	23	0.16	0.04	583
宁夏回族自治区	137	59	0.21	0.09	662
新疆维吾尔自治区	836	539	0.36	0.23	2298
新疆建设兵团	38	10	—	—	—
火车头	38	21	—	—	—

注：人口数据来源于2013年国民经济和社会发展统计公报

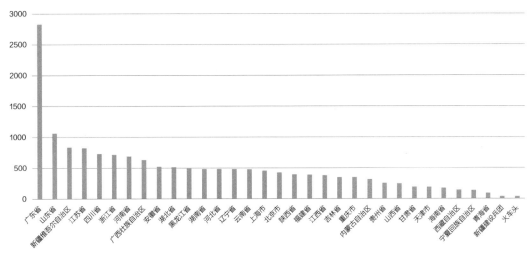

图3-2　各省级单位足球场数量分布（单位：个）

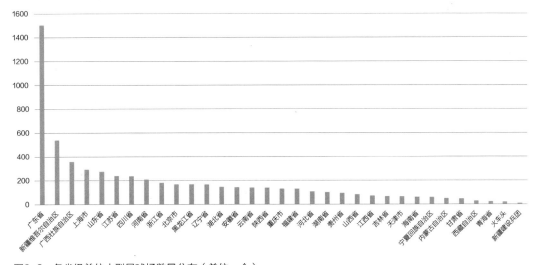

图3-3　各省级单位小型足球场数量分布（单位：个）

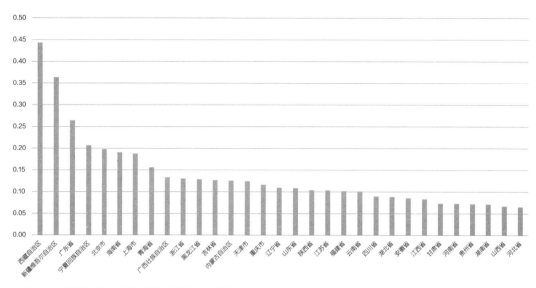

图3-4 各省级单位万人足球场拥有量分布（单位：个/万人）

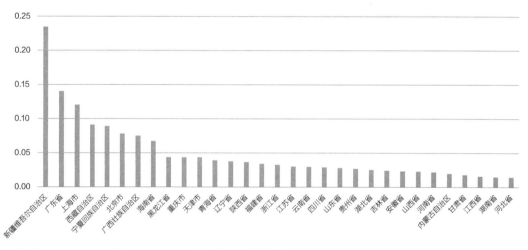

图3-5 各省级单位万人小型足球场拥有量分布（单位：个/万人）

3.1.5 场地系统分布情况

全国足球场主要分布在教育系统，共有足球场11292个，占比69.15%。其中，以中小学最多，共有8576个，高等院校有足球场2054个，中专中技有足球场499个，其他教育系统单位有足球场163个。此外，分布在其他系统的足球场共有3517个，占比21.54%；分布在体育系统的足球场共有1483个，占比9.08%；分布在铁路系统的足球场占比最少，仅为0.23%，共有足球场38个（表3-4）。

全国足球场系统分布情况一览表　　　　　　　　表3-4

系统类型		标准足球场（个）	小型足球场				合计	
			7人制足球场（个）	5人制足球场（个）	小计（个）	占比（%）	场地数量（个）	占比（%）
体育系统		1086	68	329	397	6.56	1483	9.08
教育系统		7667	1569	2056	3625	59.86	11292	69.15
其中	高等院校	1748	107	199	306	5.05	2054	12.58
	中专中技	427	33	39	72	1.19	499	3.06
	中小学	5372	1410	1794	3204	52.91	8576	52.52
	其他教育系统单位	120	19	24	43	0.71	163	1.00
铁路系统		17	9	12	21	0.35	38	0.23
其他系统		1504	698	1315	2013	33.24	3517	21.54
合计		10274	2344	3712	6056	100	16330	100

可以看出，如何开放共享教育系统的足球场应该是未来全民健身工作的重点。

3.1.6　场地城乡分布情况

全国足球场分布在城镇地区的共有13101个，占比80.23%，其中小型足球场4363个，占小型足球场总量的72.04%；分布在农村地区的共有3229个，占比19.77%，其中小型足球场1693个，占小型足球场总量的27.96%（表3-5）。

全国足球场城乡分布情况一览表　　　　　　　　表3-5

城乡分布	标准足球场（个）	小型足球场				合计	
		7人制足球场（个）	5人制足球场（个）	小计（个）	占比（%）	场地数量（个）	占比（%）
城镇地区	8738	1564	2799	4363	72.04	13101	80.23
农村地区	1536	780	913	1693	27.96	3229	19.77
合计	10274	2344	3712	6056	100	16330	100

进一步可以看出，虽然我国的足球场主要分布在城镇地区，但农村地区小型足球场的比重更高，超过了一半，这与我国足球场的建设发展趋势是一致的。

3.1.7　场地对外开放情况

全国共有开放足球场7808个，开放率[①]为47.81%。其中，全天开放的足球场3662个，占比22.42%；部分时段开放的足球场4146个，占比25.39%；不开放的足球场8522个，占比

---

① 开放率是指全天开放与部分时段开放的足球场数量的总和占所有足球场的比例。

52.19%。小型足球场的对外开放情况与上述基本相同（表3-6）。可以说，我国足球场的对外开放情况并不乐观，未来还需要更大的努力来推动开放以满足人民群众的健身需求。

全国足球场场地对外开放情况一览表　　　　表3-6

对外开放情况	标准足球场（个）	小型足球场				合计	
		7人制足球场（个）	5人制足球场（个）	小计（个）	占比（%）	场地数量（个）	占比（%）
全天开放	2114	527	1021	1548	25.56	3662	22.42
部分时段开放	2730	504	912	1416	23.38	4146	25.39
不开放	5430	1313	1779	3092	51.06	8522	52.19
合计	10274	2344	3712	6056	100	16330	100

3.1.8　运营模式分类情况

（1）运营模式说明

全国足球场的运营模式主要分为自主运营、合作运营、委托运营三种。

自主运营：指足球场业主直接对该足球场开展经营管理活动。

合作运营：指足球场业主与另一方或另几方通过签订合同协议的方式，共同合作经营管理该场地。

委托运营：指足球场业主通过一定的方式选择合适的经营者，通过签订合同协议的方式，由经营者代理业主运营足球场及附属用房，业主不再直接参与经营管理。

（2）分类情况

目前全国足球场以自主运营为主，数量共有15857个，占比97.10%。委托运营的足球场303个，占比1.86%。合作运营的足球场170个，占比1.04%。小型足球场也以自主运营为主（表3-7）。

总体来看，目前我国足球场运营模式单一，自主运营模式占绝对主导，其他经营模式潜力仍有待发掘。

全国足球场运营模式分类情况一览表　　　　表3-7

运营模式	标准足球场（个）	小型足球场				合计	
		7人制足球场（个）	5人制足球场（个）	小计（个）	占比（%）	场地数量（个）	占比（%）
自主运营	10044	2307	3506	5813	95.99	15857	97.10
合作运营	83	11	76	87	1.44	170	1.04
委托运营	147	26	130	156	2.57	303	1.86
合计	10274	2344	3712	6056	100	16330	100

3.1.9　小结

总体看来，全国足球场现状具有以下三点特征：

（1）整体数量不足，区域分布不均。整体而言，我国现有足球场与广大人民群众的足球运动需求尚不相匹配，每万人拥有足球场仅0.12个，与足球发达国家存在较大差距。同时，足球场的区域分布差异巨大，足球场建设水平与经济发展水平和人口分布关联性强，南方地区相比北方地区的足球场建设情况较好，东部地区相比中西部地区的足球场建设情况较好。

（2）形制构成不合理，社会化程度不高。我国现有足球场中标准足球场占到六成以上，更贴近居民日常健身使用的小型足球场相对较少。而现有足球场接近七成分布在教育系统（即属于校园足球场），社会化的足球场占比并不高。

（3）运营模式单一，对外开放率较低。我国现有足球场的运营模式几乎全部以自主运营为主，亟待引入多元市场主体提高运营效率。同时，对外开放使用的足球场尚未占到一半，开放利用率偏低。

3.2　国外及香港地区足球场发展建设经验

3.2.1　英国——社区体育中心和职业俱乐部

（1）现代足球的起源及发展[①]

英国是现代足球的发源地，早期的足球发展主要沿民间足球和公学足球两条发展路线。

英国的民间足球可以追溯到12世纪，但是早期的足球毫无规则可言，街道、农田、旷野皆可作为球场，参赛者最多可达上千人。比赛时人员拥挤，踩踏事故不断，流血冲突事件时有发生。为避免足球活动引起的社会混乱，国王爱德华三世下令取缔开展公众足球运动，此后历代英王均恪守这一禁律。但足球运动并未销声匿迹，而是以非法的身份在民间小范围地秘密开展。

直到工业革命后，随着社会的发展和国民收入的增长，足球运动在19世纪中期又重新恢复了生气和活力。其中学校中足球运动的受众众多，公立学校更成为足球文明规则发展的摇篮。许多学校根据传统的踢、传、转、绊、骗、击等足球动作制定了不同的规则，但当时涉及校际间比赛的时候仍存在颇大的争议和冲突。直到1848年，剑桥的足球爱好者们推出了一部《剑桥足球法典》，对现代足球的基本游戏规则做了一个粗浅的界定，从此改变了以往场上的无序及凶悍的球风，为现代足球的诞生奠定了重要的基础。

---

① 杨志亭，孙建华. 英国足球的历史传承与产业化 [J]. 外国问题研究，2013（4）：80-84.

1863年，世界上第一个足球管理机构英格兰足球总会的成立，成为现代足球运动诞生的标志。这一时期，英国社会生产力水平大增，大众收入普遍提高，随着1870年《公假日条例》的颁布，人们有了更多享受休闲的时间。统一的足球规则，普及的足球运动和剧增的休闲需求，逐步催生了从社区足球俱乐部联赛发展而来的职业足球与热爱这项运动的大量观众，同时使足球运动场所也出现了供不应求的情况。当时在英国与足球运动出现相似情况的还有游泳运动。

因此在19世纪末，英国政府接受了议会在城市和城镇提供体育活动场地设施的建议，并鼓励大众在公园、公共地和游泳池进行各种体育活动。地方政府也积极地提供体育场地设施，1894年颁布的《地方政府条例》和1906年实施的《公共场地开放条例》，要求地方政府为体育和娱乐活动提供一切室内外体育场地设施。这一时期是各级政府投资兴建体育场地设施的鼎盛期，主要兴建了200多个游泳池和可容纳大量观众观摩足球活动的体育场。据统计，1930年利物浦市有80.4万人，拥有的公共体育场中共已设156个足球场，即达到了每万人拥有1.9个足球场的水平，另外市内还有大量的私人体育场。

（2）社区体育中心成为社区足球发展的主要载体

经过近两百年的发展，足球文化已深入渗透到英国每个人的生活中，"社区足球"也成为国家足球运动的重要支柱和塔基。这一过程中离不开政府对体育场地设施的持续投资和支持，其中以社区体育中心最为核心。

1972年制定的《体育供给计划》，树立了英国未来十年体育发展目标，即到1981年，在英格兰、爱尔兰和威尔士建好800个室内体育中心、500个室内游泳池以及一些高尔夫球场和其他专用体育场地设施。该计划还要求地方政府努力弥补所属地区现有体育设施与既定目标间的差距。实际上，20世纪70年代后期各级政府和其他部门对体育场地设施的投资是20世纪英国社区体育投资最大的阶段，新建了385个游泳池和137个体育中心，使每个社区基本上有一个体育中心、一个游泳池。这些新建成的体育场馆与已有的场馆一起，全部对外开放，基本满足了大众参加体育活动的需要[1]（图3-6）。

到了20世纪80年代中期，英国体育协会制定的《社区体育设施配套标准与相关建设指引（SASH）》，要求每25000人的社区就需要建设一个社区体育中心。社区体育中心内的多功能运动厅设计一般以羽毛球场作为参照标准来进行，面积大小有五个等级——4个、6个、8个、9个、12个羽毛球场大小。社区体育中心内部一般包括办公室、卫生间、休息室、设备存放室、洗衣店、饮食店、卫生间等。规模稍大的社区体育中心还包括俱乐部会议室、健身房、多用途的第二体育厅及健身影像室、工作人员室、理疗室、全天候户外体育场（图3-7）。

---

① 曹可强，刘新兰. 英国体育政策的变迁［J］. 西安体育学院学报，1998，15（1）：13-16.

图3-6　英国某市社区体育中心
图片来源：英国体育协会官网（https://www.sportengland.org/）

　　社区体育中心内的多功能运动厅必须满足开展5人制足球运动的要求，有条件提供
室外运动场地的还要求配置室外足球场[①]。据英国体育协会2001年的调查，英国社区体
育中心开展的体育活动达150多种，排在前3位的分别是羽毛球、健身/有氧运动/瑜伽和
室内5人制足球（图3-8、图3-9）。

　　（3）职业足球俱乐部的社区职能

　　除了社区体育中心外，社区足球的训练或比赛常用的场地还有职业足球俱乐部。英
国的足球俱乐部从建立之际就已自发具有社区公共服务性质，与社区有着地缘性和心
理性的联系[②]。以英超俱乐部为例，2010—2011年，英超所有俱乐部都不同程度地通过
自己的行动来帮助社区解决社会问题，切尔西俱乐部的公共服务项目数量更是达到了44

---

① 英国体育协会. 社区体育中心设计指引［EB/OL］.［2012-02-01］. http://www.sportengland.org/facilities-
　 planning/tools-guidance/design-and-cost-guidance/sports-halls/
② 梁斌. 英国足球俱乐部社区公共服务功能研究［J］. 成都体育学院学报，2013，39（3）：20-25.

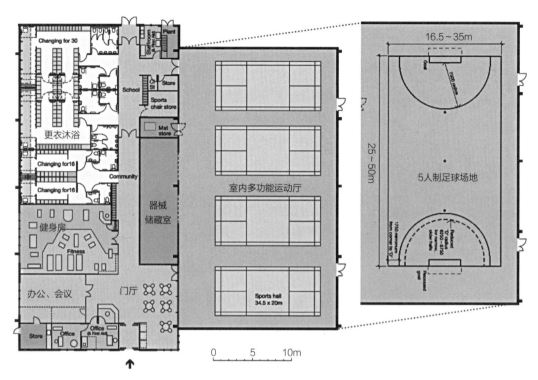

图3-7 英国社区体育中心基本平面模式
注：室内多功能运动厅以羽毛球场为基本单位，必须可用作一个5人制足球场。
图片来源：英国社区体育中心设计指引，作者稍作处理

图3-8 室内多功能运动厅
图片来源：英国社区体育中心设计指引

图3-9 有条件的社区体育中心提供室外足球场
图片来源：英国社区体育中心设计指引

项，这些项目主要是关注解决少年犯罪、贫穷、流浪者、健康问题、儿童培养、种族融合、吸毒和教育等社区问题的公益活动。

在英超联盟社区发展团队的政策指导下，近年来各俱乐部的公共服务活动整体包装为"创造机会"项目，通过统一规划，各俱乐部与政府部门及非政府组织通过有效的合

图3-10　英超青少年社区拓展项目
图片来源：切尔西足球俱乐部官网

图3-11　切尔西俱乐部到女子学校开展英超联盟社区发展项目
图片来源：切尔西足球俱乐部官网

作机制，提供了教育活动、体育参与、社会容纳、文化融合、家庭和谐、健康促进和慈善参与七大类项目。其中涵盖了校园足球、青少年精英足球、女子足球、社区业余足球、足球嘉年华、基层教练员培训等内容。而这些活动的场地一般位于校园或这些职业俱乐部的场地。

　　例如曼联俱乐部从1992年就开始推出"社区足球"项目，每周六曼联俱乐部的青年教练都会针对6～14岁的社区儿童开展教练活动，每次仅象征性地收费4英镑。通过该活动，家长可以让孩子锻炼身体、交朋友和培养社会技能，而曼联俱乐部还可以为自己的梯队选拔球员。针对英国社区多民族和多种族的特点，一些俱乐部通过推出有榜样意义的模范球员来引导整个社区不同人群之间的理解和包容，例如切尔西俱乐部通过多种社会容纳活动对失足青少年、吸毒者、枪支非法携带者及失业者进行引导，帮助他们重新融入社区群体（图3-10、图3-11）。

　　职业俱乐部除了举办这些活动以外，还会在场地和物质上支持社区居民组织的社区业余足球比赛，组织方可便捷地申请使用该社区职业俱乐部的场地和比赛所需的球网、旗、标之类的器材。由于社区足球深入民心，有的社区还会建立不同年龄层级的"足球学校"，通过政府、媒体等支持，由社区或足球经理自发组织球队、举办联赛。除了社区体育中心和申请俱乐部的标准场地外，位于各大露天公园的草坪也可通过向当地政府申请临时成为社区足球的活动场地。

3.2.2　巴西——社区公共开敞空间和职业选拔之路

　　（1）巴西的足球文化起源

　　众所周知，当代巴西是一座由白人、黑人、混血人和印第安人等多人种构成的文化大熔炉。在1492年哥伦布到达美洲前，巴西的土地就孕育着多彩的印第安文化。到了15世纪末，随着葡萄牙、法国等殖民主义者入侵，巴西陷入了黑暗的殖民统治时期，同时深受宗主国文化的影响，大量模仿葡萄牙等欧洲国家的文化。自18世纪末开始，社会矛盾的加深和民族独立运动的蓬勃兴起，与政治上要求摆脱葡萄牙宗主国的束缚、建立民主共和国的目标相一致，巴西在文化领域中也掀起了提倡民族文化的高潮，这样就形成了本土与外来的文化精神所凝成的意识结晶——巴西"大熔炉文化"。

在受欧洲文化深厚影响的同时，足球运动在19世纪末也逐渐渗入了巴西人的生活，并在其"大熔炉文化"中逐步发展出独有的特色。该时期适逢巴西刚全面废除奴隶制度不久，大量人口从乡村迁移到大城市，其中包含着黑人、混血儿和一贫如洗的白人移民，导致城市人口激增并产生了城市卫生问题。20世纪初，在咖啡经济繁荣和外国贷款大量涌入的基础上，刚刚宣告成立的巴西共和国就着手开展城市化运动，旨在扩大城市的公共空间。这样，从巴西当时的首都里约热内卢起逐步扩展到其他大城市，宽阔的大道代替了狭窄的道路，人们开始拥有可以从事社会交往和体育运动的户外活动空间。

这一时期，不得不提到巴西足球之父查尔斯·米勒。查尔斯·米勒1874年生于巴西，父亲是苏格兰人，母亲是英裔巴西人。10岁时，米勒赴英国南安普顿学习，在那里培养出对多项体育运动的兴趣，其中包括足球、橄榄球、网球等项目。当他1894年返回巴西时，带回了英国的足球和比赛规则，并向周边的人推广这项运动。他精心组织的第一场足球赛在圣保罗铁路工人队与煤气公司队之间展开，参赛的选手都是在巴西工作的英国人。随后的几年，他与朋友一起成立了圣保罗竞技俱乐部，并组织了巴西足球历史上第一个正式的联赛——保利斯塔联赛。查尔斯·米勒的重要贡献在于大力推广足球运动，并使它规范化，还引入了足球俱乐部这种组织模式，这对后来的巴西足球发展影响深远[1]。

（2）足球融入巴西人的日常生活

自足球传入巴西后很长一段时间里，这项运动仍是巴西社会的精英阶层才能享受的专利和特权。足球在普通阶层中流行起来后，黑人、混血儿和穷人也开始组织起自己的足球赛。不过精英阶层和普罗大众绝不会出现在同一块场地。

直到20世纪20年代，这样的情况才有所改变，一些俱乐部球队陆续尝试接纳了黑人和穷人球员，还给这些球员支付薪水。在那个时代，巴西社会能给予黑人的工作岗位并不多，而这种既能尽情玩耍又能获得收入的工作机会更具吸引力。

一些研究人员认为，巴西足球的早年发展中，种族和社会等级问题反倒有助于巴西足球形成自身的风格。球场上，白人球员犯规不会重罚，但黑人球员却不可以推搡、冲撞白人对手，否则将会面临非常严厉的惩罚。在这样的情况下，反而让黑人球员锻炼出在空间有限的球场内灵活地辗转腾挪的能力，避免与对手发生身体接触。1923年，瓦斯科达伽马球队的四名黑人球员上场表现绝佳，使得该队一举夺得了里约市联赛的冠军。此举吸引了大批球迷的关注，巴西足球得以逐步跨越种族和贫富的鸿沟，真正在普通民

---

① Josh Lacey. God is Brazilian: Charles Miller, the man who brought football to Brazil[M]. Stroud: Tempus, 2005.

众中得到了普及[①]。

经过多年的发展，在"大熔炉文化"这块肥沃的土壤上，巴西人对足球有着永不休止的创新，更是使足球成为巴西在国际社会上的一张亮眼名片。足球之所以能成为巴西的一大特色，除了在足球运动发展的关键时刻所具备的一系列政治经济、基础设施等方面的有利因素以外，或许离不开以下两个重要原因。

首先，足球比赛结果难以预期，有时候出乎意料地刺激，以弱胜强的特性使小小的足球将球员、教练员、俱乐部和球迷四者连接起来，不仅造就了强大的球迷团队，还给贫困家庭的孩子提供了大量通过足球来改变自身命运的机会。例如在20世纪50年代末巴西足球黄金时期涌现的佼佼者中，就有著名足球运动员贝利——一个出生于贫寒家庭，继承了父亲职业道路的足球运动员。贝利通过绝妙的技术和出色的成绩成为大名鼎鼎的世界球王。又如带领巴西队在2002年第五次夺取世界杯冠军的罗纳尔多，虽降生于里约热内卢的贫民窟中，内向的他因为有了加入不需要缴纳会费的少年足球俱乐部而获得开启职业生涯的机会。

其次，经过多年的发展，巴西足球已经俨然具备了与众不同的特点：球员凭直觉和天赋踢球，球赛极具艺术性和表演性，球技以灵活性强和花样繁多著称。正是允许个人自由发挥的特点，符合了巴西人的"大熔炉文化"，使得足球在巴西成为一项受欢迎的运动。不少巴西年轻人的夜生活就是在社区足球场中踢球、喝啤酒、放音响度过的。而每当联赛或重大国内国际比赛进行时，巴西人常常举家前往观战，整个城市万人空巷，而赛场人山人海。巴西几乎人人都是球迷，并笑称"不会足球、不懂足球的人当不上巴西总统，也得不到高支持率"。尽管巴西仍属于发展中国家，经济比较落后，政局也不甚稳定，但足球却可以将2亿巴西人团结起来，成为巴西人生活不可或缺的一部分。

（3）遍布社区公共空间的巴西社区足球场

在巴西足球文化的孕育下，社区足球场的普及成为社会发展的必然结果，而正是社区足球场的普及支持着巴西足球运动生生不息的持续发展。

第二次世界大战中，原本保持中立的巴西从美国获得先进技术和资金支持，快速向工业化迈进。自20世纪40年代后期起，巴西开始兴建一批体育场馆等基础设施，为足球的普及营建起良好的环境。2016年巴西里约奥运会的主体育场——马拉卡纳体育场始建于那个年代，并曾用于1950年世界杯。

至今，巴西各地几乎每一个社区都会建设至少一片供居民踢球的场地，可以说足球场是构成巴西社区公共空间的基本元素。这些场地不一定是标准足球场，一些甚至有点奇形怪状，但它们就是巴西球星产生的土壤（图3-12）。

---

① 张维琪，李靖. 足球在巴西是如何发展的：从贵族运动到全民运动 [EB/OL]. [2016-06-30]. http://www.thepaper.cn/newsDetail_forward_1491185_1.

图3-12 圣保罗市的社区足球场

图片来源：巴西摄影师及记者雷纳托·斯托克勒（Renato Stockler）的专题摄影作品

在巴西足球人才培养和职业选拔机制中，遍布各地的足球学校（小型俱乐部）的主要场地就是社区足球场。当地青少年足球训练的起点往往在此，一些小型俱乐部还是无需缴费的。巴西的孩子们通过加入当地的小型俱乐部，在这些场所中免费进行足球学习与训练。技术出色的孩子将被"豪门"俱乐部选中，小型俱乐部便可将"好苗子"输出到更好的足球竞技平台。这样低门槛的足球青训机制支撑着巴西足球的发展，而遍布公共空间的社区足球场更是起着不可忽视的重要作用。

巴西的社区足球场有草地、沙地、硬地等材质，由政府投资建设并随时向公众免费开放。比如在里约热内卢的弗拉门戈海滩上和滨海大道旁，当地政府就投资建设了数十个球场。这些场地深受居民欢迎，是巴西足球发展的基础（图3-13）。

图3-13 里约热内卢市海滨社区足球场

图片来源：Google地图，作者稍作处理

3.2.3 日本——校园体育设施开放及全民体育

（1）日本已成为亚洲一流的足球劲旅

20世纪90年代前，日本足球的发展不尽人意，观看足球比赛的球迷不多，参与日本全国足球联赛的也多是业余球员。为了促进本国的足球运动发展，提高国内竞技水平，

日本足联于1993年创建了日本职业足球联赛制度，开始了职业化改革的历程。经过20多年的改革与发展，如今日本的足球水平已经脱亚冲欧，有了质的飞跃，成为亚洲一流的足球劲旅。自1998年以来，日本连续6届踢进了世界杯决赛圈，该国的足球联赛也成为公认的亚洲最成功的职业联赛之一。据国际足联2010年的数据，国民人口1.2亿的日本中，注册足球运动员数量已达到104.5万人，占全国人口的0.8%。反观我国，13亿人口中注册足球运动员仅71.1万人[①]。这样的成绩验证了日本20多年来成功的职业化改革，而其中的"地域密着"政策和学校足球推广起着基础性的作用。

（2）"地域密着"政策强化社区凝聚力

经过多年的发展，日本建立了完备的足球联赛体系。其联赛体系大体上可以分成J1、J2、JFL、地域联赛和都道府县联赛五档，如果进一步细分的话甚至可以分成九级联赛体系，体系的完备程度丝毫不亚于英国这样历史悠久的足球强国。根据日本足协公布的最新数据，其国内的球队总数已超过了2.8万支。

在大力发展职业足球俱乐部、使全国47个都道府县都有职业队的基础上，日本推行"地域密着"政策，即球队必须与当地有较强的关系。具体来讲，球队必须与地方自治体合作，用地区的名称为球队命名，确立足球根据地，使得球队成为所在区域的球队，以尽可能与所在地区的居民形成密切的认同关系并获得他们的支持。该政策使足球队立足地方、紧密凝聚社区居民，既使足球职业成为受居民认可的经济收入来源，同时也通过体育运动群体基础的扩大化而进一步提升居民身体素质和生活质量。

根据日本足球联赛的制度，五档联赛等级之间存在着晋级的通道，从理论上来说，即便是位于最低等级联赛的球队，在经过多年的努力之后，也有可能出现在最高等级的J联赛舞台上。这样的机制给了各支球队、各位球员、各地球迷在强烈的地域认同感和内核凝聚力上迸发出追逐梦想的激情和行动。所以即便是那些看似不起眼的地域联赛和都道府县联赛，也总能进行得红红火火，从而推动了整个国内的足球热情和足球人口的发展壮大。

（3）校园场地支持下的足球普及

欧洲职业足球联赛经久不衰的一个重要原因是足球运动的普及性，居民参与足球、观看足球已是生活的一部分。因此，日本学习西方经验，对儿童、青少年足球运动的培养非常重视，工作的落脚点就在校园之中。

日本每年都会举办全国性的小学生、中学生、高中生及大学生足球赛事。通常决赛阶段的比赛都会引起广泛的社会关注，报纸、电视台、普通民众（尤其是家长）等对比赛都非常重视，比赛期间的相关报道甚至能与职业联赛媲美，这也就吸引了大批青少年

---

① 国际足联关于2010年国际注册球员的统计［EB/OL］.［2010-11-13］. http://www.fifa.com/worldfootball/bigcount/registeredplayers.html.

参与。据2005年的一项统计，足球项目位列10～20岁的男女青少年日常参与项目的第一位，棒球位列第二，篮球位列第三[1]。因此校园成为高水平足球人才的摇篮，为职业足球人才提供了大量的储备。为了保障人才梯队的建设，日本足联建立了完善的社区—都道府县—地区—国家四级训练中心，通过在社区中为青少年提供训练与指导，将优秀人才向上输送。而校园俨然已成为社区级足球运动普及及足球训练的最大场地供应源。

自1961年立法推动校园体育设施对社会开放以来，日本已逐渐形成了成熟的校园场地外部使用与管理维护的机制。至2007年，98.3%的日本校园（中小学及高等教育学校）已实现对外开放体育设施，其中室外体育场（内含足球场）的开放率达80%[2]（图3-14）。值得注意的是，为了降低球场管理成本，方便场地维护及各类体育运动的多功能使用，日本文部省（类似我国的教育部）规定，校园的室外体育场一般为沙土质。其考虑的主要因素为以下几个方面，一是节约支出，铺设和维护人造草或者天然草需要耗费大量财力物力；二是为了孩子的健康，人造草的化学成分在日晒雨淋下难免产生对人体伤害的隐患；三是通过经常洒水、平整维护沙土场地来锻炼孩子动手和适应能力；四是让孩子贴近自然，与沙土、自然草坪接触，发挥孩子的自然想象和创造力；五是场地多功能使用，例如使用为足球场、垒球场、网球场等，还有地震来临时搭建临时避难所。

图3-14 对外开放体育设施的典型日本校园（东京都某普通公立中学）
图片来源：Google地图

---

① 陈宏良. 日本足球职业化发展的成功经验及启示 [J]. 广州体育学院学报，2012, 32（5）：28-33.
② 林建君. 中日学校体育场馆开放利用分析及启示 [J]. 宁波大学学报（人文科学版），2015, 28（3）：127-132.

除了国家的立法支持、主管部门的配套政策和社区体育协会的统一运营外，校园足球场得以向社区开放使用也建立在日本学校建设的基础条件上。教学区与运动区分区建设是日本校园的基本建设模式，这种模式极大地消除了设施开放带来的安全隐患。同时，随着场地的长时段开放使用，运动区还会装配围网和夜间照明设备。

3.2.4　香港——全民康乐的绿荫球场

（1）融体于绿是香港提供公共体育设施的基本逻辑

香港的大部分公共体育设施建设于公园和社区康乐场地（也称"游乐场"）之中，其中就包括了社区足球场，这是由香港现行的公共体育设施供应体系决定的。

香港采用用地指标与设施指标两重标准控制公共体育设施的供应。首先是用地方面，标准首先确定了公共体育设施在不同用地类型的兼容原则，并制定主要用地类型的供应标准，确保了用地面积。其次是确定用地上供应的公共体育设施具体内容，对供应设施的数量、面积和类型制定相应的标准，这其中就有对多类足球场的要求。

（2）用地供应标准

香港的公共体育设施在《香港规划标准与准则》中被称为"康乐活动设施/康乐设施"，这些设施主要分布在休憩用地（露天用地）、康乐用地（室内场地）、郊野公园、海岸公园和保护区等几种法定用途地带中[①]。而绿化地带由于用作限制城区发展无计划扩散、保育自然环境、美化市容及改善景观，则不要求提供康乐设施（表3-8）。

香港的休憩用地可设于住宅区内，亦可设于独立地块，具有一定的供应标准，而郊野公园、绿化地带、海岸公园和保护区等用地则未制定供应标准。其标准具体如下（表3-9）：

①在市区，包括都会区和新市镇，休憩用地的最低供应标准是$2m^2$/人，其中地区休憩用地和邻里休憩用地各$1m^2$。

②在全港各公共屋邨和综合住宅发展区，邻里休憩用地的供应标准是$1m^2$/人。

③在乡村和乡郊地区的小型住宅发展区，邻里休憩用地的供应标准是$1m^2$/人。由于乡郊地区居民前往郊野地区较为方便，人口亦较少，因此不需要提供地区休憩用地。

香港规定供应公共体育设施的用地　　　　　　　　　　　　　　表3-8

香港法定用途地带	规划意向
休憩用地（康乐休憩用地）	用以提供休憩用地及康乐设施，供公众享用。为露天用地，由公营或私营机构发展，主要作动态及/或静态康乐活动用途
康乐用地（政府、机构或社区）	指设有康乐设施的室内场地，由公营或私营机构特别建造。都会区和新市镇划为政府、机构或社区用途（GIC），而乡郊地区则划为康乐用地（REC）

---

① 陈义勇，孙婷. 香港休憩用地及设施规划方法与启示 [J]. 城市建筑，2015（14）：90-91.

续表

香港法定用途地带	规划意向
绿化地带	位于市区边缘地区和郊野地区的林地和植被土地，用以限制城区发展无计划扩散、保育自然环境、美化市容及改善景观。这类用地通常没有潜力作康乐用途
郊野公园	指定的郊野公园，通常提供一定的康乐设施
海岸公园和保护区	具有特色、可吸引游客的海岸区，通常提供一定的康乐设施

资料来源：陈义勇，孙婷. 香港休憩用地及设施规划方法与启示［J］. 城市建筑，2015（14）：90-91.

香港休憩用地的供应标准　　表3-9

类别	定义	供应标准	备注
邻里休憩用地	为面积较小的用地（市区内最少为500m²），以静态康乐活动为主，设有休憩处和儿童游乐场，为毗邻人口服务	每100000人10hm²（即1m²/人）	无动态与静态休憩用地比率，主要供静态活动之用。在工业、工业/办公室、商贸和商业区，供应标准为每100000名工人5hm²（即每名工人0.5m²）
地区休憩用地	为中等规模的用地（一般最少为1hm²），为主流和静态康乐活动提供设施	每100000人10hm²（即1m²/人）	须应用动态与静态休憩用地比率，不适用于工业、工业/办公室、商贸和商业区、乡村以及乡郊地区小型住宅发展
区域休憩用地	为大型用地（最少5hm²），位于市区的要冲、市区边缘地区或邻近主要运输交汇处的地点	无既定标准	在都会区内，50%的区域休憩用地可计算为地区休憩用地

资料来源：陈义勇，孙婷. 香港休憩用地及设施规划方法与启示［J］. 城市建筑，2015（14）：90-91.

在具体规定中，香港的休憩用地功能分为动态与静态两类。一般来说，地区休憩用地的动态与静态用地比率应为3：2。动态休憩用地通常设有户外康乐和运动设施，提供进行主流康乐活动，这些活动场地包括足球、小型足球、羽毛球、乒乓球、游泳、网球、篮球、排球、壁球、健身/舞蹈、体操、榄球/棒球/木球、田径、滚轴溜冰、缓步跑、儿童游乐场。静态休憩用地则通常经景观设计，成为公园、花园、休憩处、海滨长廊、休闲活动地点、儿童游乐场、缓跑径和健身径等，同时供市民观赏花草树木等，而不提供运动设施。

（3）设施供应标准

香港的康乐设施可设于户外的动态休憩用地，或设于室内康乐用途建筑物和综合用途大楼内的指定地点。政府对主流康乐活动设施制定了供应标准，其中足球场和小型足球场属于户外场地类别，主要位于休憩用地中。

具体标准为（表3-10）：

①每10万人设置一个标准足球场（由于运动场内的足球场并非公开让公众使用，这里的标准足球场不计算运动场内的足球场）。

②每3万人设置一个7人制足球场（可同时提供5人制及7人制足球场）。

③每3万人设置一个5人制足球场。

香港主流康乐活动设施的供应标准中节选足球场要求　　　　表3-10

主流康乐活动	基于人口的供应标准	备注
标准足球场	每100000人一个	运动场内的足球场，由于并非公开让公众使用，故不计入供应标准内
7人足球场	每30000人一个	同时提供5人及7人场地
5人足球场	每30000人一个	—

（4）建设效果

20世纪70~90年代，香港政府在各区的公园大力配置社区足球场[①]。有的社区足球场具有国际比赛水平，例如政府大球场、花墟足球场等，但大部分球场类型还是根据标准配置的5人制和7人制场地。这些场地配备灯光设施，一般从早上7点开放至夜间11点，其材质有硬地、人工草和草地三类，部分场地更可作大型社区活动使用。香港的做法符合该地区山体多平地少、人口多建设用地少的土地条件，客观上实现了土地的高效利用，也非常利于居民的就近使用（图3-15、图3-16）。

图3-15　香港维多利亚公园的足球场
图片来源：Google地图

---

① 鲍绍雄. 香港体育设施的回顾和展望［J］. 时代建筑，1997（4）: 39.

图3-16　香港某典型社区康乐休憩场地

图片来源：Google地图

3.3　小结

3.3.1　我国足球人口数量庞大，但占总人口比重却较低

　　足球人口是社区足球发展的基石，反映着一个国家或地区的足球运动发展水平。根据国际足联公布的统计数据，中国已跻身世界第一足球人口大国[①]，足球人口达2617万人，几乎是足球强国巴西足球人口的2倍。

　　但进一步分析发现，我国与足球强国相比，足球人口占总人口的比重却较低。例如英格兰足球人口占总人口的8.4%，巴西为6.5%，日本也达3.8%，而我国仅为1.9%。

　　这一现象一方面反映了我国社区足球运动的普及率仍与足球强国有巨大的差距，另一方面可看出我国社区足球运动的发展仍有很大的提升空间。

中国与部分足球强国足球人口的比较　　　　　　　　表3-11

国家（地区）	足球人口（万人）	总人口（万人）	足球人口占比（%）
英格兰	416	4928	8.4
巴西	1320	20203	6.5
日本	481	12713	3.8
中国	2617	136782	1.9

注：足球人口指的是每周进行2次或2次以上足球活动的人数，足球人口数据为国际足联公布最新数据，足球人口占比根据各国2014年人口数进行统计。

---

① 国际足球联合会. 国际足球联合会关于国际足球人口的统计［EB/OL］.［2010-11-13］. http://www.fifa.com/worldfootball/bigcount/allplayers.html.

3.3.2　场地设施是足球运动发展的关键影响因素

《全国足球场地设施建设规划（2016—2020年）》明确指出，足球场地设施是发展足球运动的物质基础和必要条件，但目前我国现有足球场地设施与广大人民群众的足球运动需求不相适应。根据第六次全国体育场地普查，当前我国每万人拥有足球场地仅0.12个，每万人拥有小型足球场地仅0.04个。可以说，场地问题是我国足球人口增长和社区足球发展的主要限制因素之一。

足球发达国家或城市的经验告诉我们，社区足球场地的建设和足球人口的增长密切相关，两者相辅相成。场地设施是物质基础，足球人口的培育是核心。过往的建设中，面向竞技体育的标准足球场地是重点，我国现有足球场地中标准足球场地占到六成以上；而未来，更贴近居民日常健身使用的社区足球场地将决定我国足球事业的发展水平和高度。

3.3.3　整合资源，多渠道供给社区足球场地

社区足球场地具有灵活多样、兼容性强的典型特性，其空间载体也是丰富多元的，分布在各个系统、各个领域。因此，如何整合资源，多渠道供给场地将是社区足球场地规划建设的核心方向。前文分析的英国的社区体育中心建设、巴西的社区公共开敞空间利用、日本的校园体育设施开放、香港的融体于绿等，都为我们提供了很好的实践经验。

同时，需要强调的是，在社区足球场地的规划建设中，政府的引导非常必要和重要。政府对社区足球场地的决策和引导应该明确、健全，能为其规划建设提供明确的规范与支撑，也能为市场积极参与提供可持续的机制。

中 篇
理论与方法

第4章
社区足球场规划的性质与类型

之所以单列一章来讨论社区足球场规划的性质与类型，是基于两个方面的考虑：一是作为一种新兴的规划类型，社区足球场规划有不少内容超越了我们对传统城市规划的理解，有必要厘清以作为我们充分认识它的前提；二是作为一种非法定规划，社区足球场规划既有传统城市规划的一般性，也有很强特殊性，而这些特性将直接影响社区足球场的规划建设标准、规划策略方法、规划师角色定位以及具体的规划建设实践。

4.1 社区足球场规划的性质

如果将城乡规划行业的价值链比作一条微笑曲线，那么新时期规划行业的需求会越来越向两端延伸，一端会延伸向新型空间规划与空间治理的政策性规划，另一端会延伸向面向品质化建设实施的行动性规划[①]。社区足球场规划兼具政策性和行动性，恰好是规划行业价值"微笑曲线、两端延伸"的典型代表（图4-1）。

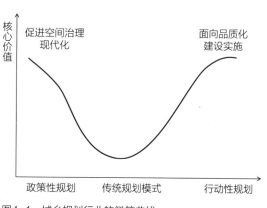

图4-1 城乡规划行业的微笑曲线

4.1.1 政策性

政策性体现的是顶层设计层面城市规划作为公共政策的回归。应该说，任何一项城市规划都有一定的政策性，而社区足球场规划的政策性体现得尤为突出，这主要是以下两方面因素作用的结果。

（1）足球是中国实现体育强国梦的痛点和难点，其中足球场地设施的缺乏是中国足球水平低下的主要制约因素之一。在这种背景下，加快足球场地设施的供给，政策层面

---

① 邓兴栋.《城乡规划》规划转型笔谈 [J]. 城乡规划，2017（1）：107-108.

的推动和支持就显得尤为关键。特别是面向全民健身的社区足球场，只有从政策层面大力推动，才有可能较快地改变现状。事实也是如此，当前各级政府尤其是中央政府对足球发展政策的支持达到了前所未有的高度（见2.3　主要政策解读）。2015年2月27日，中央召开第十次全面深化改革领导小组会议，审议通过了《中国足球改革发展总体方案》；4月30日，中国足球改革领导小组正式成立，由国务院副总理担任组长。之后出台了一系列配套政策及规划文件。因此，从某种意义上说，社区足球场规划本身就是一种政策性规划。

（2）社区足球场作为众多体育设施类型的一种，一方面，有灵活多样的建设形式，通常是结合居住社区、各类设施（如公共绿地、教育设施、文体设施）兼容建设，甚至可以利用闲置地、废弃地临时建设，因此在控制性详细规划及以上层次的规划中难以单独表达用地，要结合实际需求创新规划策略及方法；另一方面，其建设通常不涉及永久建筑物，如果单独建设，规划许可和建设管理流程目前尚并不明晰，需要在具体的规划建设实践中探索。正是由于这样的特性，在社区足球场的规划中，除了技术层面的内容外，政策方面的探索和设计应该是不可或缺的重要内容。如若离开了政策的配套，规划的实施很可能只是纸上谈兵。

4.1.2　行动性

一方面，社区足球场与其他用地设施兼容建设的特性，以及灵活多样的形式，决定了我们无法像传统城市规划一样按照用地或指标控制的思路对其进行规划布局。另一方面，社区足球场的规划建设，必然要直面现实的可实施性、直面复杂的市场需求、直面多元的利益主体。这是一个开放的协调过程，而非封闭的技术过程。因此，传统管控型的规划模式并不适合社区足球场，而行动规划却是其最佳的选择。基于此，有必要将行动规划的概念及特点进行总结，以更好地理解社区足球场规划的行动性。不难看出，下述行动规划的六个特点正是社区足球场规划特性的生动诠释。需要说明的是，行动规划并不局限于城市规划的某一阶段，而是可以贯穿城市规划的全过程，适应不同的需求来定制。

行动规划出现于20世纪60—70年代的美国，一般被定义为在地方层次上解决问题的、实施导向的规划过程，有时又被称为"项目规划"，是一项实施规划的行动指南[①]。2000年之后，行动规划的理念逐渐受到国内学者和规划从业者的重视，不少地区也开始了行动规划的实践尝试。虽然目前业界关于行动规划仍有不同的认识，但行动规划的特点大致可以总结为以下六个方面：

①以实施为目标。毫无疑问，实施的可行性是行动规划首要关注的方面。这就要求

---

① 于亚滨，潘玮. 都市圈规划实施有效途径的思考——浅谈行动规划在哈尔滨都市圈规划中的应用 [J]. 城市规划，2006，30（8）：78-80.

规划的方法是务实的，行动方案是可操作的，最后的结果是可见的实在的规划成果。

②以需求为导向。行动规划体现了规划思路从"供给导向"向"需求导向"转变，是规划进入主体多元化、权益分散化、需求多样化的时代的必然趋势。因此，行动规划具有很强的可定制性，既可以瞄准个性化的建设需求，提供精细化的深度规划设计，也可以统筹规划与策划的全过程，提供一揽子的综合解决方案。

③参与式、协商式的合作规划。行动规划十分强调政府、非政府组织、竞争性组织、社区、专家和市民之间的合作，行动方案的达成必须依赖参与式、协调式的规划方法[①]。

④动态、弹性的过程。行动规划本来即是一种动态规划，它更注重对规划实施过程的考虑，因此，行动规划是有弹性的，是从近往远看，根据目前所处的位置，看看有多少条路可以选择，如何选择才能沿着一个好的方向走，走到一个相对更好的位置。而这种好的方向、好的目标的判断标准有可能随着社会、经济、技术、价值观等的变化而改变[②]。

⑤项目化、时序化的规划方案。行动规划的成果，应该在充分考虑资金筹措、政策设计、运营管理的基础上，以项目化、时序化的形式来表达。这样的做法，既可以使规划更可行，也可以使规划更实用。

⑥兼顾近期行动与远期战略目标。行动规划应该是实际行动与战略管理的结合。行动规划一方面代表着追求的目标，引导着前进的方向，另一方面是基于科学思想对现实的批判，努力解决城市空间发展中的实际问题，体现了理想主义与现实主义的结合，是最高目标与现实需要的统一。战略思维是行动规划得以存在的基础。针对现实的某些问题，采用若干权宜之计是必要的，但非常担心的是，如果现行"近期行动"缺乏战略思考，淡化或抛却战略思维，试图通过"强制"的手段来摆脱规划的困境，在某种程度上，有可能失去规划得以"存在"的根本基础[③]。

4.2　社区足球场规划的类型

按照一般的规划流程，社区足球场规划的类型可以分为发展型规划、布局型规划和建设型规划三种。这与传统城市规划的流程类似，发展型规划、布局型规划和建设型规划的作用可分别粗略对应于总体规划、控制性详细规划和修建性详细规划，但也不尽相

① 何明俊. 宏观调控与规划引导——政府行动规划的理论与方法探讨 [J]. 城市规划，2004，28（7）：30-33，87.
② 王红. 引入行动规划 改进规划实施效果 [J]. 城市规划，2005，29（4）：41-46，71.
③ 吴良镛，武廷海. 从战略规划到行动计划——中国城市规划体制初论 [J]. 城市规划，2003，27（12）：13-17.

同。此外，由于社区足球场规划的非法定性和政策性、行动性，其规划类型并不局限于上述三种，可能会有很多新颖的类型出现，而上述三种类型也可能会以不同的组合形式出现。

4.2.1　发展型规划

发展型规划在我国政府管理系统中具有十分重要的引领地位，一般由发展改革部门牵头组织编制，其通常具有两方面的特性：一是发展型规划具有很强的战略性、目标性和政策性，主要内容是明确未来一段时期足球事业发展的指导思想、基本原则、目标任务及保障措施等；二是发展型规划具有良好的上下传导机制，可以较好实现从国家层面到基层政府层面的规划内容的直线传导、规划目标的层层分解。

目前我国足球场地规划方面的发展型规划主要包括《中国足球中长期发展规划（2016—2050年）》《全国足球场地设施建设规划（2016—2020年）》两个序列，并已经实现省级层面的传导和部分地市层面乃至县级层面的传导。需要说明的是，虽然《全国足球场地设施建设规划（2016—2020年）》的规划名称中出现了"建设规划"的字样，但从其体例、内容和印发形式来看，仍属于发展型规划的范畴。因此，并不能简单地从某一规划的名称来判断其所属的规划类型。

4.2.2　布局型规划

布局型规划具有承上启下的重要作用，一方面，它需要将发展型规划提出的目标指标落实到空间位置上；另一方面，它是接下来组织编制建设型规划的依据和指引。

布局型规划的任务是协调落实社区足球场的选址，因此也可以将其理解为选址规划或布点规划。这对于城市规划师很容易理解，但有两点需要说明：①由于社区足球场具有灵活多样、建设兼容性强的场地特征，其选址布局随着规划深度的递进才会逐渐明晰，因此，一般情况下城市层面才有必要开始编制布局型规划，如广州市体育局组织编制的《广州市社区小型足球场建设布局规划（2014—2016年）》，而更高层次编制的布局型规划的空间统筹作用则会较弱，其作用更加类似于发展型规划，如广东省体育局组织编制的《广东省足球场地设施建设空间布局总体方案（2017—2020年）》；②在布局型规划的实施过程中，由于规划实施的客观规律或利益协调问题，可能会有部分场地选址难以实施或面临局部调整，因此，需要在规划编制过程中进行充分的利益协调，并适当考虑一定比例的备选方案，甚至有必要时在规划实施过程中组织编制下一层次的布局型规划。

4.2.3　建设型规划

建设型规划直接指导施工设计和建设实施，通常以两种形式出现：①总平面方案，这种形式一般适用于独立的社区足球场规划设计，或联合周边环境及设施共同规划设计但总面积较小的情况；②修建性详细规划，这种形式一般适用于社区足球场联合周边环境及设施共同规划设计且总面积较大的情况（如以社区足球场为依托的社区体育公园修建性详细规划），或按照当地规划管理规定需要编制修建性详细规划的情况。如《广州市城乡规划程序规定》（2011年）第三十七条规定："除了由城乡规划主管部门组织编制修建性详细规划的地块外，总用地面积1万m²（含1万m²）以上的建设项目，建设单位应当委托具有相应资质的规划编制单位编制修建性详细规划；总用地面积1万平方米以下的建设项目，建设单位应当委托具有相应资质的规划编制单位编制建设工程设计方案总平面图。修建性详细规划、建设工程设计方案总平面图应当由城乡规划主管部门或者省人民政府确定的镇人民政府在核发建设工程规划许可证时一并审定。"

与发展型规划和布局型规划不同的是，建设型规划的标准性、规定性会更强，通常情况下地方政府对总平面方案、修建性详细规划的内容、深度、成果形式及审批流程都有明确的规定。实际上，修建性详细规划是《中华人民共和国城乡规划法》（2008年）规定的法定规划之一，而总平面方案是修建性详细规划的主要内容之一。

需要说明的是，由于社区足球场本身并不一定涉及建构筑物的规划建设，因此，针对社区足球场而编制的总平面方案或修建性详细规划不一定需要履行全部的规划审批手续，有时只是作为施工设计和建设的必要依据或指引，这也是社区足球场规划行动性的体现。

社区足球场规划类型一览表　　　　　　　　　　　　　表4-1

规划类型	发展型规划	布局型规划	建设型规划
规划目的	定目标指标	定位置规模	定平面方案
规划特性	战略性、政策性	承上启下、空间递进	标准性、规定性
规划内容	明确未来一段时期发展的指导思想、基本原则、目标任务及保障措施等	协调落实社区足球场的空间位置，可理解为选址规划或布点规划	对建设项目做出具体空间安排，指导施工设计和建设实施
规划重点	上下传导和目标分解	多元利益协调	满足建设或审批需求
编制层级	各级政府均可编制	一般城市层面才有必要开始编制	针对具体建设项目编制
代表案例	中国足球中长期发展规划（2016—2050年）、全国足球场地设施建设规划（2016—2020年）	广州市社区小型足球场建设布局规划（2014—2016年）	广州市越秀区流花桥社区体育公园总平面方案

第5章
社区足球场的规划标准与建设模式

5.1 基本要求

5.1.1 依法依规

社区足球场地规划是城市公共设施规划的重要组成部分，因此，必须符合城乡规划、土地利用总体规划、各级足球场地规划以及各类保护区的建设控制要求，做到依法依规建设。

足球场地的选址必须位于城乡规划和土地利用总体规划确定的建设用地范围内，可优先选择城乡规划中确定的体育用地，也可在取得权属单位同意后作为相关其他类用地的附属设施进行配套建设。

各级足球场地规划是城市发展足球运动的指引，是确定足球场地规划指标、布局的依据，必须从发展足球运动的全局出发，考虑社区足球场地规划工作。

5.1.2 节约集约

社区足球场地规划建设的浪潮源于足球运动的普及和政策的推动，无疑体现了我国从温饱进入小康、从小康力争富强的社会发展成效。但"一窝蜂""一刀切"地铺开社区足球场地规划建设是不值得推广的，各地的规划配置标准应根据地区经济发展水平、土地资源条件、足球发展水平和发展目标合理制定，各地的社区足球场地规划建设也应坚持节约集约的基本要求，统筹安排，合理布局。

应该认识到，社区足球场地规划是城乡规划的配套规划，其规划阶段、期限、目标和建设要求都应与城市的规划发展水平相一致，才能使规划的内容、深度和实施进度做到与城市整体发展同步，取得最佳的社会、经济、环境综合效益。

5.1.3 便民利民

社区足球场地作为重要的社区公共服务设施，应强调与周边居民的关系，体现公共服务均等化原则，其规划建设应与人口分布充分结合。

一方面，社区足球场地应尽可能均衡布局在交通便利的地点，以提高场地可达性，便于群众日常使用；另一方面，社区足球场地的选址应与相关利益主体进行充分的沟通协调，将用地权属单位的建设意愿和周边居民的意见放在首位，防止社区足球场地的建设对周边居民日常工作和生活造成干扰，做到便民不扰民。

5.1.4　结合共建

提高体育场地的综合使用效能是当前体育事业发展的必然趋势。随着城市空间资源的日益稀缺，各类公共服务设施普遍面临选址难的问题，尤其是社区足球场地本身即具备与各类公共设施兼容性强的特性，结合共建应作为其基本的建设模式之一，以解决选址的难题。

一方面，应充分利用城市各类用地兼容建设社区足球场地，鼓励利用城市和乡村的空置闲置场所、边角地、公园绿地、林带、屋顶、人防工程、校舍操场、河漫滩地、废弃工矿地等资源，建设小型多样化的社区足球场地，提高土地资源综合效益。另一方面，应鼓励社区足球场地选址与其他体育、文化、景观等社区公益事业设施相结合，做到一场多用，共建共享停车、供水、供电、环境卫生、管理用房等配套服务设施，这不仅能充分提高场地的复合化利用水平，同时有利于形成社区公共活动中心，增加居民交流和活动机会，从而提升社区活力。

5.1.5　科学布置

社区足球场地宜选择用地规整、视野开阔的场地，同时满足场地朝向、尺寸等技术规范要求，并与周边环境相融合，体现当地特色。

根据相关规范，室外运动场地布置方向（以长轴为准）应为南北向，当不能满足要求时，根据地理纬度和主导风向可略偏南或偏北方向，但不宜超过表5-1的规定。室内场地无外采光窗时无朝向要求，有外采光窗时应参考室外场地布置方向。

运动场地长轴允许偏角　　　　　　　　表5-1

北纬	16°~25°	26°~35°	36°~45°	46°~55°
北偏东	0°	0°	5°	10°
北偏西	15°	15°	10°	5°

资料来源：《体育建筑设计规范》JGJ 31—2003

5.1.6　绿色安全

"绿色体育"是世界体育界范围内非常时兴的概念①，从广义上讲，绿色体育的内涵

---

① 张浩. 论绿色体育的和谐性内涵 [J]. 解放军体育学院学报，2004，3.

应理解为以体育全面协调的思想和手段，促进人格健全发展，达到人与自然、人与人及人自身三大整体的动态和谐。从狭义上讲，绿色体育是指在开展各种体育生产和体育活动的过程中，始终坚持以保护地球生态平衡为原则，以可持续发展为目标的体育。足球运动作为具有世界影响力的体育运动，其场地的规划建设自然应该贯彻这一绿色属性。因此，社区足球场地的规划布局和建设使用，均应遵循环境友好、资源节约和可持续发展的原则。

社区足球场地规划建设也必须强调场地的安全性，场地选址应避开危险源、地质不稳定区、高压线等安全隐患，应无洪涝、滑坡、泥石流等自然灾害的威胁，无危险化学品、易燃易爆危险源的威胁，无电磁辐射、含氡土壤等危害；同时应采用围挡、绿化种植等措施，最大限度减少噪声和光污染等负面因素，防止对周边居住区、文物保护单位等造成不利影响。对于利用建构筑物屋顶建设社区足球场地的，应充分论证建构筑物和人员活动的安全性。

5.2　规划配置标准

5.2.1　现行规范标准的规定

国内现行规范标准中，涉及足球场地规划配置的标准主要有《城市公共体育运动设施用地定额指标暂行规定》（〔86〕体计基字559号）和《城市社区体育设施建设用地指标》（建标〔2005〕156号）。

（1）《城市公共体育运动设施用地定额指标暂行规定》（〔86〕体计基字559号）

该规定由原城乡建设环境保护部、原国家体委于1986年颁发，针对不同人口规模的城市，以规划标准、观众规模、用地面积、用地千人指标等规定了市级、区级、居住区级、小区级的各项公共体育设施的标准，其中明确配置的体育设施类型为体育场、田径场、体育馆、游泳馆、游泳场、射击场。

由于该规定明确了体育场的中心含足球场，即体育场指有400m跑道（中心含足球场）和固定道牙，跑道6条以上，并有固定看台的室外田径场地。因此该规定可以看作标准足球场规划配置的参考依据，即足球场与体育场"打包"配置。另外，田径场也由于其尺寸适合，一般于场地中心也常配置足球场。田径场指有400m跑道（中心含足球场）和固定道牙，跑道6条以上，没有固定看台的室外田径场地和200m以上、不足400m环形跑道的室外田径场地。

可以看出，虽然该规定涉及市区级体育场、田径场中心的足球场地的规划配置要求，对标准足球场地的规划配置有一定指导作用，但由于当时并未将全民健身的需求作为重点考虑，缺乏社区级公共体育设施的配置类型要求，因此对社区足球场地规划配置标准的指导作用十分有限。此外，由于颁发时间较长，随着近年来政府机构、行政方式、标准规范等各方面的体制改革，该规定的法律地位与行政效力均已比较模糊。

《城市公共体育设施标准设施用地定额指标暂行规定》中足球场地配置有关标准　　表5-2

城市规模	设施	规划标准	观众规模（千座）	用地面积（千平方米）	千人指标（平方米/千人）	备注
100万人口以上城市	市级体育场	1个/100万～200万人	30～50	86～122	40～122	—
	区级体育场	1个/30万人	10～15	50～63	167～210	—
50万～100万人口上城市	市级体育场	1个/50万～100万人	20～30	75～97	73～194	—
	区级体育场	1个/25万人	10	50～56	200～224	—
20万～50万人口上城市	市级体育场	1个/20万～25万人	15～20	69～84	276～420	—
10万～20万人口上城市	市级体育场	1个/10万～20万人	10～15	50～63	250～630	—
5万～10万人口上城市	市（镇）级体育场	1个/5万～10万人	5～10	44～56	440～1120	—
2万～5万人口上城市	市（镇）级田径场	1个/2万～5万人	—	26～28	520～1400	400m跑道，设于县城和一般建制镇
2万人口城市以下	市（镇）级田径场	1个	8～26	—	—	200～400m跑道

（2）《城市社区体育设施建设用地指标》（建标〔2005〕156号）

该用地指标由国家体育总局主编，2005年经原建设部、原国土资源部批准后发布实施。其在前文《城市公共体育运动设施用地定额指标暂行规定》的基础上，细化了以全民健身为主的社区体育设施的配置类型及相关指标要求，其中对社区足球场地的面积尺寸及规划配置标准进行了明确规定。

具体而言，即要求在满足社区体育设施的总体用地指标基础上，每10000～15000人宜配置1个5人制足球场地，每30000～50000人宜配置1个7人制足球场地（也可以设置1个11人制足球场地替代）、2个5人制足球场地。

应该说，该用地指标是当前社区足球场地规划配置标准的主要依据，但由于足球场地只是众多社区体育设施中的一种类型，因此，具体配置要求仍需进一步细化研究。此外，该用地指标由国土部门负责监督管理，由建设部门负责解释，导致执行主体含糊，对各相关部门的约束力度不足，亟待增强实施效果。

《城市社区体育设施建设用地指标》中足球场地配置有关标准　　　表5-3

项目	场地数量（个）			备注
	1000～3000人	10000～15000人	30000～50000人	
11人制足球	—	—	—	也可以设置一个11人制足球场替代7人制足球场
7人制足球	—	—	1	
5人制足球	—	1	2	

注：可根据当地群众的需要对项目类型和数量进行调整。

5.2.2　当前政策规划的要求

前已述及，社区足球场地规划建设在我国具有明显的政策性，因此，相关政策规划文件的要求在社区足球场地的建设实施中发挥着至关重要的作用。下面3个政策规划文件对足球场地的规划配置提出了具体的标准，其要求也是一脉相承的，应该作为我国社区足球场地规划配置标准的重要参考依据。

（1）《中国足球中长期发展规划（2016—2050年）》（发改社会〔2016〕780号）

该规划近期至2020年，中期至2030年，远期展望至2050年。规划提出推进社区配建足球运动场地，在城市建设和新农村建设规划中统筹考虑社区足球场地建设，鼓励建设小型化、多样化的足球场地，方便城乡居民就近参与足球运动的要求。具体足球场地建设指标如下：

①近期全国修缮、改造和新建6万块足球场地，使每万人拥有0.5～0.7块足球场地，其中校园足球场地4万块，社会足球场地2万块。除少数山区外，每个县级行政区域至少建有2个社会标准足球场地，有条件的城市新建居住区应建有1块5人制以上的足球场地，老旧居住区也要创造条件改造建设小型多样的场地设施。

②中期达到每万人拥有1块足球场地的目标。

③每个中小学足球特色学校均建有1块以上足球场地，有条件的高等院校均建有1块以上标准足球场地，其他学校创造条件建设适宜的足球场地。

（2）《全国足球场地设施建设规划（2016—2020年）》（发改社会〔2016〕987号）

该规划提出了多方式建设足球场地的要求。一是综合利用，立足整合资源，充分利用体育中心、公园绿地、闲置厂房、校舍操场、社区空置场所等，拓展足球运动场所。二是修缮改造，立足改善质量，对农村简易足球场地进行改造，支持学校和有条件的城市社区改善设施水平。三是新建扩容，立足填补空白，将足球场地设施建设纳入城乡规划、土地利用总体规划和年度用地计划，合理布局布点，在缺乏足球场地的中小学校、城乡社区加快建设一批足球场地。建设规划目标具体如下：

①到2020年，全国足球场地数量超过7万块，平均每万人拥有足球场地达到0.5块以上，有条件的地区达到0.7块以上。足球设施的利用率和运营能力有较大提升，经济社

会效益明显提高，初步形成布局合理、覆盖面广、类型多样、普惠性强的足球场地设施网络。

②全国建设足球场地约6万块。一是修缮改造校园足球场地4万块。坚持因地制宜，逐步完善，充分利用现有条件，每个中小学足球特色学校均建有1块以上足球场地，有条件的高等院校均建有1块以上标准足球场地，其他学校创造条件建设适宜的足球场地。二是改造新建社会足球场地2万块。除少数山区外，每个县级行政区域至少建有2个社会标准足球场地，有条件的城市新建居住区应建有1块5人制以上的足球场地，老旧居住区也要创造条件改造建设小型多样的场地设施。三是完善专业足球场地。新建2个国家足球训练基地。依托现有设施，建设一批省级足球训练基地。鼓励职业俱乐部完善各梯队比赛和训练场地。

（3）国家《体育发展"十三五"规划》（2016年5月）

该规划制定了"三大球"发展行动计划，其中对足球发展要求如下：

①落实《中国足球中长期发展规划（2016—2050年）》《全国足球场地设施建设规划（2016—2020年）》，与有关部门配合，加强足球场地设施建设。

②到2020年，全国足球场地数量超过7万块，平均每万人拥有足球场地达到0.5块以上，有条件的地区达到0.7块以上。

③全国特色足球学校达到2万所，全社会经常参加足球运动的人数超过5000万人，足球事业和产业协调发展的格局基本形成。

5.2.3　配置标准的分析研究

在前述规范标准及政策规划的基础上，对社区足球场地的配置标准进行分析研究，可为国内社区足球场地规划建设提供技术参考。

（1）足球场地数量万人指标

足球场地数量万人指标是衡量一个国家或城市足球场地综合建设水平的重要指标。在《中国足球中长期发展规划（2016—2050年）》及后续的政策规划文件中，均把每万人拥有足球场地数量作为关键的发展和考核指标，并提出近期每万人0.5～0.7个、中远期每万人1个足球场地的目标要求。对比当前我国足球场地的建设水平[①]，并参考国外足球发达国家的经验，可以看出，该指标要求并不算低，这也正是国家层面对足球事业发展态度的体现。

另一个维度，从社区层面看，根据《城市社区体育设施建设用地指标》规定的每10000～15000人配置1个足球场地、每30000～50000人配置3个足球场地来推算，社区足

---

① 目前我国足球场地建设水平比较落后，根据《全国足球场地设施建设规划（2016—2020年）》，截至2013年底，全国拥有较好条件的足球场地1万余块，平均约13万人拥有一块足球场地。但部分城市建设水平较高，如广州市目前每万人拥有足球场地超过0.7块。

球场地数量万人指标应为0.6～1个。由于社区足球场地未来应是组成我国足球场地总量的重要部分甚至是主要部分，因此长远来看，全部足球场地的万人指标和社区足球场地的万人指标是比较接近的。据此也可以判断，0.6～1个的社区足球场地数量万人指标与国家层面的长远目标要求是匹配的，近期对足球场地配置条件优厚的城市较为适用。

综合考虑上述两个维度的指标要求，我们认为：①在国家层面对足球场地建设的期许和大力推动下，足球场地数量万人指标应按照《中国足球中长期发展规划（2016—2050年）》的要求控制，即近期每万人0.5～0.7个、中远期每万人1个；②在社区足球场地方面，虽然我国现状基础差，但仍应根据《城市社区体育设施建设用地指标》，按照每万人0.6～1个的长远要求在规划中进行预留控制，也就是说不强制要求近期实现该指标要求，但在规划中应预先考虑并进行超前控制；③两个维度的指标要求是不冲突的，随着我国足球事业的发展，社区足球场地的数量将会稳步增长，并最终占据绝对主导地位；④我国各地情况差异大，足球发展水平不同，各地应在国家要求基础上，制定符合地方实际的足球场地数量万人指标要求。

相关文件对足球场地数量万人指标的要求 表5-4

文件名称	足球场地数量万人指标（个）	社区足球场地数量万人指标（个）
《城市社区体育设施建设用地指标》（建标[2005]156号）	—	0.6～1.0
《中国足球中长期发展规划（2016—2050年）》	0.5～0.7（2020年） 1.0（2030年）	—
《全国足球场地设施建设规划（2016—2020年）》	0.5～0.7（2020年）	—
国家《体育发展"十三五"规划》	0.5～0.7（2020年）	—

注：应按常住人口计算。

（2）社区足球场地数量配置标准

《城市社区体育设施建设用地指标》在对各类型社区体育设施统筹考虑的基础上，提出的社区足球场地数量配置指标是基本适宜的，但具体的配置要求有待进一步细化。下面进行详细说明。

对《城市社区体育设施建设用地指标》中社区足球场地数量配置指标的说明。①从前述足球场地数量万人指标的分析来看，其提出的社区足球场地的数量配置指标是适宜的。②从人口分级来看，各级人口规模与《城市居住区规划设计规范》（2002年版）中的分级控制规模一致，即划分为居住区（30000～50000人）、小区（10000～15000人）、组团（1000～3000人）三级规模。其主要依据之一是组团级和居住区级人口规模分别与社区居（里）委会和街道办事处一般的管辖规模一致。这种分级规模一方面是为了便于在城市规划中落实，另一方面有利于体育设施的管理和利用，同时和其他国家社区体育设施的服务人口规模也大致吻合。③从场地分级配置来看，10000~15000人是最常见的规模等级，应当具备一套基本的体育设施，因此提出配置一个5人制足球场地；30000~50000人的规模是以三套10000~15000人的体育设施为基础，并提高了其中一套设施的场地标准以备社区运动会等使用，因此提出配置两个5人制足球场地、一个7人制足球场地，有条件的社区可用11人制足球场地代替7人制足球场地；1000~3000人的规模则对足球场地这一占地较大的设施没有提出要求，主要是考虑到足球设施需要一定量的服务人口规模才能维持其运行。在这样的配置体系中，上一级指标是包含下一级指标的，具备了较高一级的体育设施，其下一级体育设施一般也能满足需要。

对《城市社区体育设施建设用地指标》中社区足球场地配置要求的细化。①参考各地促进社区足球场地建设的经验与社区足球场地运动的人员组织特点，需要强调说明社区足球场地配置应以规模较适宜的5人制足球场地为主。②考虑到城市旧城区及其他用地紧张地区的特点，每10000~15000人的社区如用地条件不具备，可配置1个3人制足球场地代替1个5人制足球场地。但为了保证5人制足球场地的供给，30000~50000人的社区则不能同时用2个3人制足球场地代替2个5人制足球场地，也就是说，30000~50000人的社区需要至少配置1个7人制、1个5人制和1个3人制足球场地。③考虑到足球场地有"一场多制"的可能性，即面积较大的场地可兼容划分为多个小型场地使用，为避免这种兼容而造成场地实际数量的不足，需要明确30000~50000人所配置的3个足球场地在空间上不得互相重叠。但允许通过配置2个7人制足球场地，其中1个7人制足球场地划分为2个5人制足球场地的方式实现配置目标。这样能保证30000~50000人的社区至少配置2个较大的独立足球场地。④为保证社区足球场地建设的推广，考虑到某些独立或偏僻社区的需求，当以乡镇、街道、行政村、新建居住区为单位统计但人数低于10000人时，应要求按照10000~15000人的标准进行配置。这也是落实《中国足球中长期发展规划（2016—2050年）》提出的"有条件的城市新建居住区应建有1块5人制以上的足球场地"的要求。⑤与《全国足球场地设施建设规划（2016—2020年）》涉及的足球场地分类相衔接，将8人制足球场地与尺寸基本相同的7人制足球场地同等对待。

综合以上分析，建议社区足球场地数量配置标准如下（表5-5）：

（3）社区足球场地面积千人指标

根据前述社区足球场地的数量配置标准，以及各形制足球场地的面积浮动范围，可以推算出社区足球场地面积的千人指标。按照公共服务设施规划配置的原则，人口规模偏大时应选取偏大值，人口规模偏小时应选取偏小值。可得，居住区级的社区足球场地千人面积指标宜为97~170m^2，居住小区级的社区足球场地千人面积指标宜为51~87m^2（表5-6）。该指标可作为社区足球场地规划布局方案的参考值。

社区足球场地数量配置标准建议　　　　　　　　　　　　　　　表5-5

场地形制	场地数量（个）	
	10000～15000人	30000～50000人
7人制（8人制）足球场地	—	1
5人制足球场地	1	2
合计	1	3

注：①社区足球场地配置宜以5人制足球场地为主。
　　②用地紧张地区可采用3人制足球场地代替5人制足球场地，但30000～50000人应至少配置1个7人制（8人制）足球场地和1个5人制足球场地。
　　③30000～50000人所配置的3个足球场地在空间上不得互相重叠，但允许通过配置2个7人制（8人制）足球场地，其中1个7人制（8人制）足球场地划分为2个5人制足球场地的方式实现配置目标；在社区用地充足的条件下，每30000～50000人可配置1个11人制足球场地代替1个7人制（8人制）足球场地。
　　④以乡镇、街道、行政村、新建居住区为单位统计，人数低于10000人的，需按照10000～15000人的标准进行配置。
　　⑤较大人口规模的指标已包含较小人口规模的指标。

社区足球场地面积千人指标的推算（标准配置模式）　　　　　　表5-6

配置等级	居住小区		居住区	
指标范围	最小值	最大值	最小值	最大值
人口规模（人）	10000	15000	30000	50000
社区足球场地面积（m²）	510（1个5人制足球场地）	1300（1个5人制足球场地）	2920（2个5人制、1个7人制足球场地）	8500（2个5人制、1个7人制足球场地）
社区足球场地面积千人指标（m²）	51	87	97	170

需要说明的是，上述推算仅是标准配置模式的结果，如果考虑到用地紧张地区或用地充足地区的情况，具体指标会有一定变化。如果用地紧张地区每10000～15000人配置1个3人制足球场地，社区足球场地面积千人指标则为35～61m²；每30000～50000人配置1个7人制、1个5人制和1个3人制足球场地，社区足球场地面积千人指标则为92～162m²（表5-7）。如果用地充足地区每30000～50000人配置1个11人制、2个5人制足球场地，社区足球场地面积千人指标则为197～294m²（表5-8）。

社区足球场地面积千人指标的推算（用地紧张地区）　　　　　　表5-7

配置等级	居住小区		居住区	
指标范围	最小值	最大值	最小值	最大值
人口规模（人）	10000	15000	30000	50000
社区足球场地面积（m²）	350（1个3人制足球场地）	920（1个3人制足球场地）	2760（1个7人制、1个5人制和1个3人制足球场地）	8120（1个7人制、1个5人制和1个3人制足球场地）
社区足球场地面积千人指标（m²）	35	61	92	162

社区足球场地面积千人指标的推算（用地充足地区）　　表5-8

配置等级	居住区	
指标范围	最小值	最大值
人口规模（人）	30000	50000
社区足球场地面积（m²）	5920（2个5人制、1个11人制足球场地）	14700（2个5人制、1个11人制足球场地）
社区足球场地面积千人指标（m²）	197	294

5.3 建设模式

5.3.1 主要建设模式

根据相关标准和国内外的实践总结，当前主要存在六种社区足球场的建设模式。

（1）独立体育用地建设

该模式是指在现有或规划的体育用地中建设社区足球场，是国内各地的常见做法。具体表现为在各级大中型体育中心配建社区足球场（图5-1），业主单位国内一般为体育行政部门或其下属事业单位。

这种建设模式的用地性质一般为纯粹的体育用地，在权属协调上简单明确，因此可以说是统筹建设社区足球场最便利的模式。但受体育中心数量的限制，必然造成场地数量不多且分布不均的问题，最终易造成场地与社区居民活动的亲密度不足。

国内此类的典型案例有广东省广州市天河体育中心。

天河体育中心用地面积达51hm²，位于广东省广州市天河商圈的中心点，地处新城市中轴线，南临天河路，邻近广州火车东站交通枢纽，交通便利，配套完善，区域发展成熟。

中心主要由主体育场、田径场、体育馆、游泳馆、棒球场、网球场、足球场、羽毛球馆、全民健身综合场、篮球公园、保龄球馆、门球场、室内卡丁车场、露天游泳池、

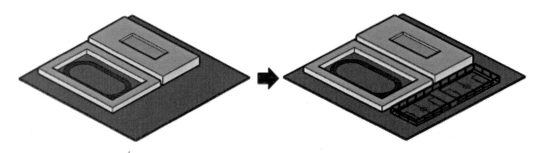

图5-1　大中型体育中心配建社区足球场的模式

健身俱乐部、大型地下商业广场、地下停
车库、会务展览中心等设施组成。

中心内的足球场主要有6个，分别是
主体育场中心的一个11人制足球场（现为
中超俱乐部主场）、西北角垒球场旁的一
个11人制足球训练场、北面田径场中心的
一个11人制足球场和东面主要面向市民日
常足球运动的三个7人制足球场（图5-2、
图5-3）。三个7人制足球场也是广州市足球
协会少儿培训班场地。

（2）住区配套建设

该模式是指利用新建住区的公共服务中心配套或挖掘已建住区公共空间周边的可用
空地、边角地建设社区足球场。它是目前我国社区足球场建设最为理想的一种模式，也

图5-2　广东省广州市天河体育中心东足球场
图片来源：网络（http://yixun.yxsss.com/yw35572.html）

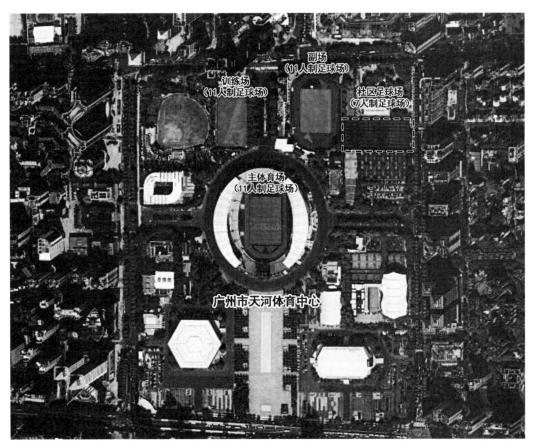

图5-3　广东省广州市天河体育中心足球场分布
图片来源：百度地图，作者稍作处理

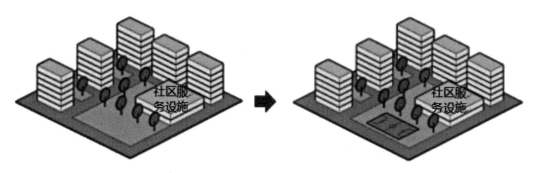

图5-4 住区配套建设社区足球场的模式

属于技术规范提倡的模式，在英国社区体育中心、巴西社区公共空间的建设中也是实践较多的（图5-4）。

但目前国内许多住区的足球场地配套尚未能完全符合现行国家相关规范要求，这一方面是历史遗留的问题，许多老旧住区本身已缺乏各类配套服务设施且无地可供足球场建设；另一方面则是新住区建设时对相关要求不够重视，对社区体育中心的建设要求也未及英国、新加坡、日本等要求明确。

国内相关的实践有湖北省武汉市汉阳江城明珠还建住区的建设。该还建住区高标准地落实了社区体育设施的配建标准，配套了大量体育设施，其中就有一个5人制足球场（图5-5、图5-6）。该5人制足球场配备了灯柱和休息座椅等设施，四周和天面均有围网，实现了便利居民使用，同时避免了足球飞出场外而造成的扰民问题。该社区的体育设施还作为武汉市的社区青少年体育活动中心，是值得新建住区借鉴学习的建设模式。

图5-5 湖北省武汉市汉阳江城明珠还建社区的5人制足球场
图片来源：作者自摄

（3）结合公园广场建设

该模式是指结合公园绿地或广场建设社区足球场，融体于绿、便民使用。

融入公园广场的建设模式在理论上是运动环境最舒适、健康的一种模式（图5-7），香港社区康乐场地、美国社区公园都是这一模式的良好范例。但在我国目前的绿地管理体制下，由于涉及城市绿地的场地由林园行政职能部门进行管理，该部门制定的规范以绿地或林地为核心，与体育运动职能缺乏衔接；再加上体育运动与部分公园使用者的需求不符等问题，该模式的推广需要开展较多的协调工作。

图5-6　湖北省武汉市汉阳江城明珠还建社区5人制足球场的位置
图片来源：搜狗地图，作者稍作处理

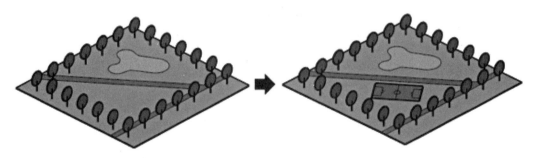

图5-7　结合公园广场建设社区足球场的模式

　　目前国内也对公园建设体育设施有一定的实践，例如湖北省武汉市汉口江滩建设了大量全民健身设施，并配套有三个7人制足球场（图5-8）。

　　湖北省武汉市汉口江滩经过三期建设，成为武汉市城市中心最大的健身乐园。"运动在天水绿荫之间"是武汉市江滩的一大特色，享受大众健身文化是市民的一大乐趣。汉口江滩兴建了2000m的全民健身长廊，配备了12000m²的全民健身广场，300余件套健身器材。环形健身跑道、标准运动场地次第罗列，篮、足、排三大球，乒、羽、网三个小球一应俱全，游泳池、门球场、溜冰场应有尽有。江滩全民健身成为武汉市一道靓丽的风景线，国家体育总局于2005年授予汉口江滩"全国十大体育公园"称号。

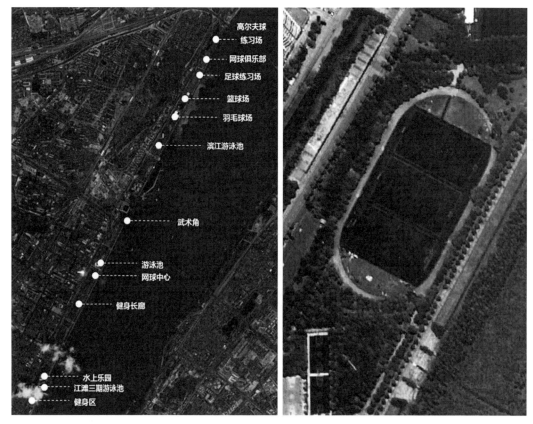

图5-8 湖北省武汉市汉口江滩建设的社区足球场
图片来源：百度地图，作者稍作处理

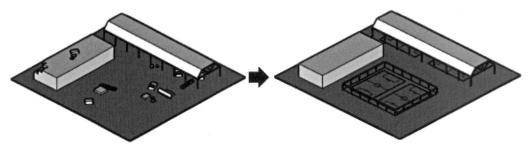

图5-9 利用闲置地建设社区足球场的模式

（4）活化废弃闲置地建设

该模式是指利用废弃厂房、闲置用地、边角地等公共用地建设社区足球场（图5-9）。这是提升用地环境品质及经济价值的一种有效模式，但由于场地建设具有较强的临时性，需要获得用地业主方的同意和相关政策的支持。

浙江省宁波市在开展"三改一拆"的进程中，出现了不少利用搬迁厂房建筑或废弃露天场地建设足球场的成功案例。例如创优体育中心，该体育中心是民间资本通过

图5-10　浙江省宁波市柳锦社区利用废弃地建设的社区足球场
图片来源：网络（https://zj.zjol.com.cn/news.html?id=96969）

图5-11　浙江省宁波市柳锦社区利用废弃地建设的社区足球场位置
图片来源：百度地图，作者稍作处理

租用闲置厂房建设而成的，里面配建了一个7人制室内足球场；又如柳锦社区足球场，该足球场有四个5人制足球场，是柳锦社区利用玻璃厂搬迁空地筹建而成的惠民工程（图5-10、图5-11）。

（5）利用竖向空间叠合建设

该模式在满足运动要求的室内空间或建筑屋顶进行建设（图5-12）。集约利用竖向空间是高效利用土地的方式，往往出现在商业开发项目中，动力源于商业利润或社区自发行为，政府可进行引导和鼓励。

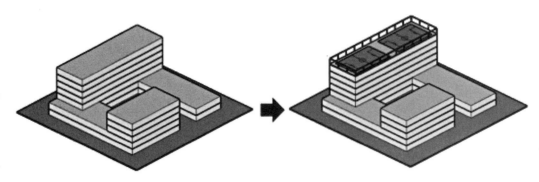

图5-12 叠合空间建设社区足球场的模式

图5-13 广东省广州市中环广场的屋顶足球场
图片来源：作者自摄

　　例如广东省广州市中环广场的屋顶足球场，就很好地实践了叠合空间建设模式。足球场建设在中环广场的配套建筑二层天台，该建筑首层为商业及市政设施，经营零售、银行、宠物诊所、餐厅等业态，也包含垃圾转运站及变电站，其地下建设为4层停车场（图5-13）。

　　（6）场地开放建设

　　该模式是指学校、企事业单位已有的足球场地在满足一定条件后实现对社会开放使用（图5-14）。开放公共服务单位场地是一种复合利用公共资源并优化配置的模式，但其后期的管理维护会给相关政府或事业单位带来较大压力，必须有配套政策的保障和相对成熟开放的运营机制。

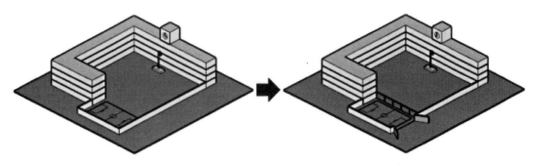

图5-14　场地开放建设社区足球场的模式

在学校体育设施开放方面，广东省广州市于2013年发布了《广州市体育设施向社会开放管理办法》（穗府办〔2013〕45号）。其中要求，具备相对独立的学校体育设施和有保障校园稳定安全、维护正常教学秩序、加强安全隐患排查的管理措施等两项开放条件的学校，要积极向社会开放体育设施。具体要求周一至周五每天下午学生离校后，学校应向社会开放体育设施，每天开放时间不应少于2小时；公休日、法定节假日、寒暑假等非教学时间，学校应向社会开放体育设施，每天开放时间不应少于4小时。

为了解决学校体育设施开放带来的管理负担及设施维护成本增加的问题，该管理办法还提出了：①学校体育设施可根据实际情况采用学校自行管理、与街道社区联合管理、青少年体育俱乐部管理或外包管理等管理方式；②各区政府可通过政府购买服务的方式对辖区所属学校体育设施统一进行外包管理；③学校体育设施向社会开放可适当收取费用。此外，为了保证学校体育设施能同时满足教学活动和向公众开放的需要，政府还对不同学校、不同场地进行周期性的财政补贴。

5.3.2　各种模式的适用情况与局限性

灵活运用上述六种模式，无疑将扩展社区足球场的规划建设范围和自由度，为社区供应优质的足球运动场地提供更多选择。

但尽管模式多样，在国内开展实际应用时，还需认识到每种模式在规划条件、建设主体、管理主体上面临的不同问题，相应的适用情况和局限性也将有所不同。

（1）在大中型体育中心等独立体育用地配建社区足球场时，虽然场地隶属体育系统，统筹建设都比较便利，但由于城市大中型体育中心数量有限，分布不一定符合社区居民的分布情况，将具有一定的服务局限性。因此应该在体育中心服务半径合理的前提下，针对周边居住的社区居民对足球运动的需求开展配套建设。

（2）住区配套建设社区足球场是与居民活动分布最吻合的一种方式，非常便于居民的使用。但从反面看，足球运动产生的噪声等可能会引起扰民的问题；而由于足球场占地面积较其他体育设施要大，对于"袖珍"小区而言要建设一个足球场几乎是不可能实现的。因此，该模式应该适用于具有一定建设条件且居民需求较大的住区。

（3）融入公园广场建设是集约利用城市休闲用地并非常符合市民休闲健身习惯的建设方式，有利于营造心旷神怡的运动环境。但由于足球运动是比较活跃吵闹的运动，与部分公园使用者偏静态休闲的要求不符；足球场的占地建设又涉及现行绿地管控规范下林业园林部门、体育部门行政管理分离的问题。因此要实现"融体于绿"必须满足绿地的规划条件且获得绿地管理部门的支持。

（4）活化废弃闲置地是激活提升废弃用地环境品质及经济价值的一种有效模式，但由于场地建设具有较强的临时性，需要获得用地业主方的同意和相关政策的支持。

（5）利用竖向空间叠合建设社区足球场也是节约集约利用土地的一种模式，往往出现在商业开发项目中，动力源于商业或社区自发行为。政府可进行引导和鼓励，出台具体的政策指导民间资本合法合规投入。

（6）开放其他公共服务单位场地是一种复合利用公共资源并优化配置的模式，可以作为社区足球场规划建设的一种补充供应手段。但其后期的管理维护会给相关政府或事业单位带来较大压力，必须有配套政策的保障和相对成熟的运营机制。

综上，在具体的社区足球场规划建设中，行动主体只有根据不同社区的情况，采用面向社区需求、符合相关规定、因地制宜、实事求是的原则开展工作，才能实现社区足球场的成功建设，保障其后续的长效运营。

六种主要建设模式的适用情况与局限性一览表　　　　　　表5-9

模式	优点	局限性	适用情况
独立体育用地建设	隶属体育系统，统筹建设便利	用地数量有限，分布不均	服务半径合理，有需求开展足球项目
住区配套建设	与居民活动分布吻合，使用便利	只适合有一定建设条件的社区	规划条件满足且居民需求较大
结合公园广场建设	融体于绿，集约发展，符合市民休闲健身的习惯	与部分公园使用者需求不符，涉及绿地管控规范	规划条件满足且用地管理部门支持
活化废弃闲置地建设	变废为宝，提升环境及经济价值	场地建设具有较强的临时性，长效使用难以保证	政策支持且权属单位同意
利用竖向空间叠合建设	集约用地，灵活性强	对室内场地层高要求较高，屋面场地活动存在一定安全隐患，需要增设防护设施	政策支持且权属单位同意
场地开放建设	存量可观，与居民活动分布吻合，实现公共资源优化配置	后期管理维护会给相关单位带来较大压力	政策支持且权属单位同意，应引入第三方协管

资料来源：黎子铭，闫永涛，张哲，等. 全民健身新时期的社区足球场规划建设模式［J］. 城市规划，2017，41（5）：42-48. 有修改.

第6章
社区足球场的规划策略与方法

社区足球场这样的单项体育设施规划有其独有的特点。一方面，社区足球场可以和大型体育场馆一样，通过各层次规划划定的体育用地实现选址布局和落地建设，这种规划建设方式可以纳入现行城乡规划体系中，有成熟且严格的规划和审批流程。但体育用地毕竟有限，其数量、布局、用地及建设审批管理等方面并不能满足面向社区的足球场的规划建设需求。另一方面，社区足球场可以结合其他非体育用地进行兼容建设，作为该用地的附属配套设施。这种规划建设方式虽不能纳入现行的城乡规划体系中明确落实用地控制和建设审批管理，但却为社区足球场规划建设打开广阔的思路。进一步讲，社区足球场通常不会在控制性详细规划中划定专属的体育用地，更多时候还需要通过其他用地兼容的方式来进行建设，因此，社区足球场的规划和建设方式应该趋向于灵活多样。针对其规划特点制定符合社区足球场建设实际的规划策略、规划方法，并与建设实施中多样的技术手段进行配合，才能实现社区足球场的规划落地。

6.1 规划策略

6.1.1 超前预控，有效利用独立体育用地

对体育用地进行超前预留控制，并使其具有法律效应而不被侵占，这是保证公共体育设施规划建设的基本面。因此，社区足球场规划首先还是应从体育用地入手，建立"超前预留控制+面向近期实施"的规划策略。一方面，在独立体育用地上建设社区足球场是最直接也是最容易的，可以有效解决公共体育设施发展初期足球场缺乏的问题；另一方面，这种建设方式也可以实现多种体育设施的聚落化和中心化，增强公共活动中心的吸引力。

2003年国家颁布的《公共文化体育设施条例》中第十四条明确规定"公共文化体育设施的建设预留地，由县级以上地方人民政府土地行政主管部门、城乡规划行政主管部门按照国家有关用地定额指标，纳入土地利用总体规划和城乡规划，并依照法定程序审批。任何单位或者个人不得侵占公共文化体育设施建设预留地或者改变其用途"。2017

年住房城乡建设部办公厅等发布的《关于做好足球场地设施布局规划建设的指导意见》提出"要严格落实城市总体规划、控制性详细规划安排的体育用地，不得随意改变用途。定期评估体育用地实施情况，重要指标完成情况要向社会公布"，并要求"根据城市总体规划、控制性详细规划等，抓紧梳理规划确定的体育用地的实施情况，加快已规划未建设的体育场地设施建设，根据'十三五'时期足球场地设施建设目标，优先安排足球场地设施的选址和建设"。

为实现体育用地的超前预留控制，需要做好三方面的工作：一是规划部门、体育部门应联合制定包括社区足球场的公共体育设施配置标准，并将其纳入城乡规划标准体系，作为直接指导控制性详细规划及相关规划中体育用地配置和审批的依据；二是按照体育事业发展要求、公共体育设施服务半径、服务人口和配置标准等，超前预测体育用地需求，合理布局体育用地，制定体育用地面积、设施类型和建设方式等控制要求；三是做好规划部门、体育部门及建设部门之间的协调衔接，按照"多规合一"的思路，将规划体育用地纳入城乡规划，落实到控制性详细规划中，使其具有法定效应。

6.1.2　深入挖潜，充分盘活存量空间资源

我国大部分城市已经进入城市更新的阶段，特别是旧城区面临用地紧张、社区公共体育设施配套不足等问题，群众的健身需求得不到保障。而城市更新用地、闲置空地、闲置用房等对于建设公共体育设施有着先天的优势，在不改变土地用途、不征用土地的前提下，利用现有建筑、场地条件等将其改造成社区足球场，既能节约成本、提高土地利用率，又可为居民提供丰富的社区公共体育设施，使其成为城市中别具特色的公共场所，起到"变废为宝"的效果。这种做法在国内外已经有了很多有益的尝试，甚至成为社区公共体育设施主要的场地供给方式。

事实上，充分盘活存量空间资源也是当前国家大力推广的主要策略。2014年国务院颁布的《关于加快发展体育产业促进体育消费的若干意见》明确提出"盘活存量资源，改造旧厂房、仓库、老旧商业设施等用于体育健身的"要求。前述《关于做好足球场地设施布局规划建设的指导意见》要求"旧城区要结合生态修复、城市修补、老旧小区整治等工作，利用各类空闲用地、废弃厂房、街角广场等改造建设小型多样的场地设施"。

但是，目前大部分城市在利用城市更新用地、闲置空地、闲置用房建设公共体育设施的过程中，并没有规范明确的规划建设政策和流程指引，导致实际建设过程中存在较多障碍。因此，这就要求我们在社区足球场规划中，一方面尽量摸清用地权属和实际需求，进而合理选取、优化配置，制定相应的使用指引和要求；另一方面协同体育、规划、建设等部门，明确制定相应的建设要求、审批手续和保障措施，统筹规划实施与建设管理。

6.1.3　结合建设，扩大社区足球场的承载空间

"结合建设"是指在非体育用地上兼容建设公共体育设施。从属性来看，各类体育设施建设具有灵活性高、与各类用地兼容性强等特点，尤其是面向全民健身的社区公共体育设施，非体育用地可以说是其主要的承载空间，社区足球场也不例外。从国内外经验来看，"结合建设"的规划方式已被广泛实践和应用，并取得了良好的效果，例如美国将体育公园作为社区公共体育设施的主要供给方式，在规划、管理、运作机制等方面均已形成了成熟的模式①。这种方式不但能丰富公园绿地的功能内涵，还能把运动与自然环境相结合，提升公共体育设施的环境品质。除了在公园绿地中建设体育设施，居住用地、商业用地等与群众生活联系紧密的空间，都可以作为社区公共体育设施建设的有益补充（表6-1）。

但目前，我国在推广兼容性建设体育设施上却有着种种的羁绊。在经济利益和部门利益的影响下，由于缺少相关政策法规的明确要求，兼容性体育设施建设无法得到有效保障。同时，在兼容性体育设施能否落实建设上，还牵扯到用地权属者、建设主体及管理运营等问题，如果没有强制性的要求，很容易被其他功能所代替。真正想要实现公共体育设施与其他用地形成良好的兼容关系，不仅要在规划过程中预设各种情况，对兼容性建设体育设施的用地提出控制指引和相应要求，还应该在配置标准、审批流程、产权确定、管理维护等方面出台相应的政策法规及建设指引。

公共体育设施一般适建范围一览表　　　　　　　　　　　　表6-1

用地分类			公共体育设施适建性
居住用地	一类居住用地	R1	●
	二类居住用地	R2	●
	三类居住用地	R3	●
公共管理与公共服务设施用地	行政办公用地	A1	○
	文化设施用地	A2	●
	教育科研用地	A3	●
	医疗卫生用地	A5	○
	社会福利用地	A6	○
	文物古迹用地	A7	×
	外事用地	A8	○
	宗教用地	A9	×

---

① 赵丹. 关于美国体育公园内的研究［D］. 苏州大学，2010.

续表

用地分类			公共体育设施适建性
商业服务业设施用地	商业用地	B1	○
	商务用地	B2	○
	娱乐康体用地	B3	●
	公用设施营业网点用地	B4	×
	其他服务设施用地	B9	○
工业用地	一类工业用地	M1	●
	二类工业用地	M2	○
	三类工业用地	M3	○
物流仓储用地	一类物流仓储用地	W1	×
	二类物流仓储用地	W2	×
	三类物流仓储用地	W3	×
道路用地	城市道路用地	S1	○
	城市轨道交通用地	S2	○
	交通枢纽用地	S3	×
	交通站场用地	S4	×
	其他交通设施用地	S9	×
公用设施用地	供应设施用地	U1	○
	环境设施用地	U2	○
	安全设施用地	U3	○
	其他公用设施用地	U9	○
绿地与广场用地	公园绿地	G1	●
	防护绿地	G2	○
	广场用地	G3	●
其他	村庄建设用地	H14	●

注：①●鼓励设置；○有条件宜设置；×不建议设置。
②各类用地兼容体育设施建设应符合城乡规划、相关法律法规及各行业规范。
③居住用地、公园绿地与广场用地等是社区级公共体育活动的重要载体，鼓励根据居民需求设置公共体育设施，但公园绿地和广场用地不应建设大中型集中式体育场馆。
④公共管理与公共服务设施用地内设置公共体育设施必须满足公共管理与公共服务功能不被干扰的条件。
⑤商业服务业设施用地内设置公共体育设施必须满足向公众开放的条件。
⑥城市道路用地、城市轨道交通用地可利用桥下闲置空间设置公共体育设施，但必须满足道路功能正常及路面和运动场地安全不被干扰的条件。
⑦应保证工业用地、物流仓储用地、交通枢纽用地、交通站场用地、其他交通设施用地、公用设施用地和防护绿地的正常功能使用，如要设置公共体育设施必须满足用地的主导功能不被干扰，运动环境安全并不受尾气、粉尘等环境污染影响的条件。

6.1.4　开放使用，推进学校体育设施等资源的社区共享

随着公共体育设施属性的延伸，社会体育资源逐渐成为公共体育设施的重要补充，特别是学校内的体育设施不仅数量多、类型丰富，而且在空间上与居民分布高度吻合，对增加社区公共体育设施数量、优化社区公共体育设施布局都有着重要的作用。尤其是社区足球场相对其他体育设施占地面积偏大、建设难度偏高，如果能充分开放利用学校体育设施，可以很大程度上解决社区足球场建设用地紧缺的难题。2013年第六次全国体育场地普查数据公报显示，我国体育系统管理的体育设施数量仅占总量的1.43%，大部分体育设施分布在其他社会资源内，特别是教育系统管理的体育设施数量占到总量的38.98%。但教育系统体育设施的开放率却不高，仅有31.67%，因此，如何共享利用学校体育设施将成为未来社区公共体育设施尤其是社区足球场规划的重点。2016年5月印发的《全国足球场地设施建设规划（2016—2020年）》提出，到2020年全国建设足球场地约6万块，其中修缮改造校园足球场地4万块，占总数的2/3，可见校园足球场地的重要性。

要做到学校体育设施的社区共享，需要从规划、建设、管理等多方面入手，日本在这方面的做法颇有启示。

①注重学校建设的功能分区：在学校规划设计中，应考虑体育设施对外开放的要求，体育运动区的设置尽量集中和独立，有独立的出入口，与生活区和教学区互不干扰，并充分考虑不同人群的特殊需要，为后续学校体育设施的开放和管理打下良好的基础。

②相关开放条例的及早颁布：早在1976年日本文部省向各都道府县教育部门做出《关于推进学校体育设施开放》的规定，学校在自身教学不受影响的情况下开放体育设施弥补社区体育设施的不足。我国目前也开始重视学校体育资源的开放利用工作，广州市在2013年由市政府办公厅颁布了《广州市体育设施向社会开放管理办法》，努力将

图6-1　广州市白云区华师附中新世界学校对社区开放的足球场
图片来源：作者自摄

体育、教育等相关主管部门联合起来，合力推动学校体育设施向大众开放使用（图6-1）。

③成熟社会团体的统一管理：日本的体育设施开放，由地区体育协会统一管理，居民的体育活动一般以俱乐部为单位组织活动，由地方体育协会统一安排各俱乐部的体育活动场地设施，这种组织管理方式充分保证了学校体育设施向社会开放的有序性和高效率。我国目前这方面较为滞后，可以探索与专业运营公司合作、与俱乐部或社会团体合

作、与社区共建等多种形式，促进学校体育设施开放共享。

6.1.5 以点带面，创造多元复合功能

公共体育设施的布局主要有集中与分散两种模式[①]。集中模式体现为体育设施的中心化或聚落化[②]，这不仅能满足居民多样化的体育需求，有利于提高设施的吸引力和利用效率，便于长效经营管理，也有利于促进土地的集约利用，形成服务中心；分散模式则是基于公共服务均等化的目标，结合人口分布、服务半径、行政区划等因素，尽可能均衡化公平地布局公共体育设施。

需要特别强调的是，过去我们一直认为市区级大中型体育设施应按照集中模式布局实现中心化或聚落化，而社区体育设施则应按照分散模式布局实现均衡分布，但实际上，社区体育设施布局也呈现出集中和分散两种模式，英国与新加坡的社区体育中心即是集中模式的典型代表。在"大分散"的格局下，适度地集中有利于提升社区体育设施的品质，充分发挥集中与分散两种模式的优点。而长期以来，正是由于缺乏对集中型社区体育设施的规划控制，导致我国群众体育设施建设普遍存在见缝插针、功能单一、量多质低的问题。

基于上述认识，我们认为虽然规划对象的聚焦点是社区足球场，但不能就社区足球场论社区足球场，而应根据规划场地的建设条件，力求依靠社区足球场这一主要触媒功能，配套篮球场、羽毛球场、乒乓球台、健身器械、健身广场等多样化运动健身设施，形成具有多元复合功能的社区体育中心、社区体育公园、全民健身中心或其他体育场地形式。同时通过社区足球场的建设，带动周围其他公共设施建设及社区综合治理，创建幸福活力社区。

6.2 规划方法

6.2.1 海量数据广摸查

社区足球场是作为一种设施存在的，因此需要在规划布局之初除了掌握现状足球场建设情况之外，还应摸清楚所有能容纳其建设的承载地。这些承载地既可以是现状已建的体育中心、体育场馆等本身就是为开展体育活动而设置的场地；也可以是各类公园广场、街旁绿地、社区边角地；抑或是尚未规划建设的荒地、废弃地等未利用地或闲置地。通过影像判读、现场踏勘等方式，将这些可能建设社区足球场的空间资源进行海量

---

① 高艳艳，王方雄，毕红星，等. 城市公共体育设施布局规划研究进展 [J]. 吉林体育学院学报，2015，31（1）：37-40，74.
② 王智勇，郑志明. 大城市公共体育设施规划布局初探 [J]. 华中建筑，2011（7）：120-123.

摸查和汇总，建立GIS信息数据库，同时对数据库里的相关数据进行筛选分析，初步判别机会地块，做到心中有数，为后期的布局规划建立良好的数据基础，也是多方联动协商方案的重要参考（表6-2）。

海量数据库构成要素一览表

表6-2

数据库构成	纳入信息			
	场地面积	可建面积	可行性	周边需求
体育场地	对场地本身面积进行统计	对场地内除去其他设施和建设后，能够用于足球场建设的面积进行统计	根据场地面积、形状、平整度等基本情况，按大、中、小三级划分建设足球场可行性的大小	判别周边球场分布情况、市民需求情况，按大、中、小三级划分足球场需求大小
公园广场				
街旁绿地				
边角地				
闲置废弃地				
其他				
现状足球场	纳入现状足球场位置、面积、形制、建设和使用情况等信息			

6.2.2 多项因素助判别

除了基于海量数据对社区足球场的建设可行性和周边需求进行主观的初步判断外，还应采用更为科学的方法进行客观评价。规划应引入多因素叠加分析的方法，根据场地的现状特点、用地情况等基本信息，结合不同地区的现状情况及未来规划状况、人口特征、居民需求、可达性等问题进行叠加分析。同时考虑环境、绿地等城市空间容量因素，统筹兼顾区域内各级各类公共服务设施资源，合理规划布局社区足球场。在多因素判别的基础上，规划应对不适宜建设的场地进行剔除，同时对适宜度进行划分，为下一步的选址确定提供排序依据（表6-3）。

多因素判别要点一览表

表6-3

判别因素	权重	层级划分	分值
现状特征	0.2	现状场地平整易于建设	5
		场地状况较好	3
		场地情况较差，需要大量平整工程	1
用地情况	0.2	体育用地	5
		公园绿地、居住用地	3
		废弃地、荒地、其他用地	1

续表

判别因素	权重	层级划分	分值
居民需求	0.2	周围设施十分缺乏，需求较高	5
		周围设施缺乏，需求一般	3
		周围设施较充沛，需求较小	1
可达性	0.15	公共交通便利，可达性高	5
		可达性一般	3
		可达性较差	1
人口分布	0.15	人口密集	3
		人口稀疏	1
环境容量	0.1	周围开敞空间较大，环境容量高	3
		周围开敞空间较小，环境容量低	1

注：表中的判别因素、分值及权重仅供参考，可结合实际情况进行调整。

6.2.3 广开言路听民意

社区足球场建设面向的是社区居民，居民的意愿对社区足球场的后续使用至关重要。规划建设中应充分引入居民意愿问询及反馈机制，通过调研走访、问卷调查、民意问询等多种方式，充分听取居民意愿与建议，并将居民的意愿与建议融入规划建设方案中，真正实现听民意、惠民生（表6-4）。同时，可借鉴"社区规划师"经验，对每个拟选场地安排相应规划师驻场跟进，并联络更多公众力量参与其中，促进选址的建设实施。

居民意见搜集汇总要点一览表 表6-4

类型	搜集内容
调研走访	对各级体育部门和街镇乡、村居进行调研走访，对其建设意愿、建设需求及建议等内容进行了解
问卷调查	通过问卷，设置场地类型、选址区域、开放时间、管理模式等内容的问题，总结归纳民众意愿
民意问询	通过微信公众号、小程序等信息方式，由社区规划师及时向民众公布拟选场地规划建设信息，通过民众意见反馈后再进行下一步工作

6.2.4 多方联动定方案

作为民生型、实施型规划，社区足球场的规划应坚持"多方联动、开门编规划"的原则，倡导全社会积极参与到规划建设中，形成协商式规划成果。

一方面，应按照"共编共管共用"的思路，充分联动社区足球场可能涉及的体育、教育、园林、规划、国土、建设以及足球协会、俱乐部等部门或单位，编制多方认同、可实施的规划方案。

另一方面，应按照"上下联动"的思路，实现规划编制与基层意愿的有效互动，确保规划布局的"合情合规"。"合情"是指尊重各单位、居民和用地权属单位的建设需求及意愿，"合规"是指要保证选址符合城市规划、国土规划相关的布局和建设原则。这种"上下联动"的思路，可以在坚持规划科学性的基础上，有效应对各种实际情况（表6-5）。

上下联动工作模式的要点一览表　　　　　　　　　　　表6-5

阶段	工作步骤
自上而下	1. 由规划编制单位根据海量数据、相关资料和判读初步提出选址建议
	2. 由基层体育主管部门牵头，逐一校核落实选址情况
	3. 由选址所涉的相关部门、街镇乡、村居及用地权属单位确认场地信息，评估可行性，并组织多方联合调研踏勘
	4. 用地权属单位同意后纳入规划方案，权属单位不同意则删除选址
自下而上	1. 由基层体育主管部门搜集辖区内相关居民需求和建设意愿，整理上报拟选场地信息
	2. 规划编制单位对上报拟选址场地信息在安全、权属、规划符合性、科学合理性等方面进行核查
	3. 剔除出未通过核查的上报拟选场地
	4. 选址所涉的相关部门、街镇乡、村居、用地权属单位及规划编制单位，开展多方联合调研踏勘
	5. 确定合情合理的选址，纳入规划方案

6.2.5　增设替补保计划

考虑到规划布局方案可能受到用地要求、相关规划等客观因素限制，以及用地权属、居民意愿等主观因素影响，虽然拟选社区足球场场地前期已经做了充分的筛选论证，但仍然存在一定的不确定性。为了最大限度地保证规划建设计划完成，建议借鉴足球运动中替补球员的规则，充分考虑潜在的不可控因素对规划带来的影响，按照一定比例增设备选方案作为替补场地。具体规划中可按照总量20%左右来增设替补场地选址，并按照多项因素判别的原则进行拟选场地排序，最大限度地保证规划目标实现（表6-6）。

增设替补保计划的要点一览表 表6-6

名称	建设目标	替补场地
含义	根据年度计划或整体计划，制定的社区足球场规划布局方案	在建设目标之外的，为保证建设计划的完成而额外做出的社区足球场的补充选址方案
数量设定	数量设定与建设目标一致	数量取建设目标的20%左右
转化规则	在建设目标中的选址方案，由于各种主客观因素影响而未能实施建设的场地，在替补方案中选取空间上最为接近的场地作为补充，保证建设计划完成	

6.3 规划师的角色定位

社区足球场规划建设的灵活性、多样性，以及其具有协商式规划的特点，要求规划师必须改变传统的角色认知，不仅要关注技术层面的问题，同时也要重视落地实施的操作可行性；更不能束缚于各相关利益方的意愿和需求，而放弃规划的原则和要求。因此，如何协调各方利益、真正起到社区规划师的作用，如何重新审视、明确规划师的角色定位变得至关重要。

6.3.1 回归本位的多元利益协调者

民生设施的规划建设都有民意优先、科学布局、落地可行等规划要求，社区足球场规划建设更是将规划对象进一步聚焦到社区足球场这一体育类民生设施上来。社区足球场通常属于可以非独立占地的体育设施，能够在体育用地或者是非体育用地中，作为配套体育设施进行建设，一般并不涉及控制性详细规划中的具体用地性质调整。这一方面增加了场地的可选范围；但另一方面，正是由于这种"借鸡生蛋"的建设模式，使得多元利益的协调成为规划的第一要务。

基于此，规划方案首先要确保"合情"，要充分协调各级政府尤其是基层政府、各相关部门及用地权属单位的建设意愿，充分尊重周边居民的需求，不能自上而下地强压目标任务；其次，规划方案要确保"合规"，保证选址布局符合城乡规划、国土规划等各项规划要求，并符合公共体育设施布局的基本原则。

在这样的情景下，规划师应不忘初心、回归本位，从目标政策制定者走向利益协调者，"重民生、重过程、重协调、重实施"应作为对规划师的基本要求。可以说，"社区规划师"是对社区足球场规划者角色定位的最好表达。

6.3.2 "坚守下线、提高上线"的技术顾问

社区足球场规划建设本身是一个"接地气"的过程，在这个过程中，规划师的角色

除了上述的社区规划师外，还应该是"坚守下线、提高上线"的技术顾问，而不只是规划成果的编制者。他们需要用刚柔并济的方式，帮助解决规划编制、建设实施甚至后期运营管理过程中可能出现的种种问题。

"坚守下线"是对规划师职业操守的基本要求，在社区足球场规划建设中显得尤为重要。一方面，社区足球场在我国属于新生事物，且有灵活、多样的特点，其规划建设规则尚不明确，存在一些真空模糊地带，需要规划师利用专业知识综合判断相关问题；另一方面，社区足球场规划建设具有很强的政策性，可能会被作为政治任务而强力推动，而在强力推动的过程中容易产生打破现有规则的问题，因此需要规划师时刻保持底线思维，确保规划建设的合理、合法、合规。

"提高上线"是指按照"适中选优"的原则，最大限度地发挥社区足球场的便民利民效应。随着人民生活水平的提高和社会认识的变化，社区足球场等体育类民生设施逐渐从"非必需"向"必需"转变。与此同时，人民对美好生活的向往愈加强烈，民生设施规划建设不仅要"坚守下线"，还要"提高上线"，从而提供更优质的公共服务。因此，在社区足球场规划建设过程中，规划师不应只满足于完成目标任务，还应尽量追求更优的选址、更高的品质。前述"以点带面，创造多元复合功能"的规划策略，进而以社区足球场为触媒，带动周围其他公共设施建设及社区综合治理，形成具有多元复合功能的社区体育中心、社区体育公园或全民健身中心，正是基于"提高上线"的认识提出的。

下 篇
实践与思考

第7章
规划实践：广州市社区小型足球场
建设布局规划

为贯彻落实全民健身的国家战略，进一步凸显广州市作为国家足球试点城市的特色，保障广州市政府向市民承诺的三年内建设100个社区小型足球场的"民生实事"任务能够合理有效、统筹兼顾地完成，广州市体育局委托广州市城市规划勘测设计研究院编制《广州市社区小型足球场建设布局规划（2014—2016年）》[1]。该规划成为全国第一个社区足球场建设布局专项规划，体现了广州"敢为人先、先行先试"的精神。本书将以此项目为案例，详细阐述前述理论方法的具体实践。

该规划紧扣国务院2014年第46号文《关于加快发展体育产业促进体育消费的若干意见》的政策思路，与国务院办公厅2015年3月8日印发的《中国足球改革发展总体方案》提出的"把兴建足球场纳入城镇化和新农村建设总体规划，明确刚性要求，建设一大批简易实用的非标准足球场"的目标不谋而合。2016年底，根据规划布局的100个社区小型足球场已经全部建设完成，受到周边居民的热烈欢迎，为未来更长时期社区小型足球场，甚至其他公共体育设施的建设起到了良好的示范带动作用。为规范社区小型足球场的使用及管理，广州市体育局、财政局、国土规划委、住建委、林业和园林局联合制定了《广州市社区小型足球场规划建设和使用管理暂行办法》。同时，制定的《广州市社区小型足球场视觉识别系统及应用示范》已得到应用。此外，社区小型足球场数据已纳入广州市体育局"群体通"全民健身公共服务平台，通过专题网页、手机App及二维码等多种方式实时动态向全体市民发布场所信息，指引市民合理预订使用场地，实现综合使用效益最大化。

广州市社区小型足球场的规划建设工作构建了从前期布局到落地建设到后期管理运营"全过程"的实施机制，为广州市推进足球事业发展、倡导全民健身与全民健康融合起到了重要的示范效应。

---

① 项目负责：闫永涛、许智东，项目指导：刘云亚、方正兴、吴天谋，项目组成员：张哲、黎子铭、韩文超、张宇翔、谷春军、贺松、陈新。感谢项目指导和每一位项目组成员所作的贡献。

7.1　规划概况

7.1.1　规划背景

（1）落实国家战略

2014年，国务院发布《关于加快发展体育产业促进体育消费的若干意见》（国发〔2014〕46号），首次明确"将全民健身上升为国家战略"，并要求大力推广校园足球和社会足球，鼓励建设小型化、多样化的活动场馆和健身设施。"全民健身上升为国家战略"是具有里程碑意义的事件，使我国体育工作上升到新高度，关乎国家竞争力的提升，而公共体育设施作为实施全民健身战略的物质载体，其规划却长期滞后，需要我们审视之前的编制思路，转变规划策略，探寻新的对策。

广州市公共体育设施建设起步较早，在全国具有领先性和代表性。2010年亚运会后，广州市体育发展重点转到群众体育设施建设上来，与国家推行全民健身战略不谋而合。基于此，广州市以社区小型足球场建设为突破，率先探索新时代公共体育设施规划建设的新模式。

（2）凸显足球特色

广州市足球发展有着深厚的底蕴和优秀的传统。近年来，广州市大力推进足球事业的发展，涌现出广州恒大、广州富力等著名足球俱乐部，对广州足球乃至中国足球品牌知名度的提升作出了重要贡献。2012年，广州市与中国足球协会签订了合作协议，成为首批5个中国足球发展试点城市之一。广州市有责任进一步凸显足球传统及特色，在全国发挥示范引领作用。

图7-1　广州成为首批5个中国足球发展试点城市之一（2012年12月12日）

图片来源：网络（http://i0.sinaimg.cn/ty/cr/2012/1212/301392980.jpg）

2014年11月，广州市人民政府办公厅印发《广州市足球试点城市工作计划（2014—2016年）》，明确提出至2016年底前完成100个（块）足球场建设计划。

（3）践行民生为本

2014年2月，广州市第十四届人民代表大会第四次会议明确提出了三年内建设完成100个社区小型足球场作为"十件民生实事"之一进行重点督办，并纳入政府工作报告，从而加大体育惠民力度，推进基本公共体育服务均等化，实现"运动就在家门口"的惠民利民理念。

7.1.2 规划范围及期限

本次规划范围为广州市域，面积7434.40km²（图7-2）。规划期限为2014—2016年，同时进行长远目标展望。

7.1.3 规划对象

本次规划对象为社区小型足球场，包括3人制、5人制、7人制等形式的以服务社区为主要功能的足球场。

由于本次规划以面向近期实施为主要目的，对实效性和可实施性要求较高，因此规划对象应满足以下4个基本条件：

（1）集约节约用地

主要通过改造城市闲置空地、社区边角地、街头绿地、公园绿地等公共用地建设，可单独建设或结合社区体育公园等体育设施建设。

（2）符合规划，尊重权属单位及属地政府意愿

在取得用地权属单位同意和属地基层政府意愿的前提下，符合《广州市城乡规划程序规定》（2011）等相关法规规定，以配套设施建设模式为主，不涉及规划调整和许可的问题。

（3）易于建设实施

可新建球场或对现状体育场地进行改造，场地应易于建设实施，不涉及拆迁。

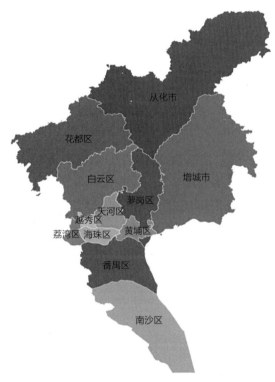

图7-2 规划范围示意图

注：2015年经国务院批准，广州市将原黄埔区、萝岗区合并为新的黄埔区，原县级市增城市、从化市撤市设区。本书为了与规划成果一致，选择沿用原黄埔区、萝岗区、增城市、从化市的行政区域进行表述。

（4）可灵活设置场地

根据场地条件可在一处选址设置多个球场，起到"一处多场"的规模效应；对于面积较大的球场可兼容作为多个小型球场使用，起到"一场多制"的功能，但不能重复统计。

7.1.4　规划面临的挑战

本次规划将面临并重点解决以下四大挑战：

（1）统筹难

社区小型足球场布局规划涉及部门多、层级复杂，各方利益统筹难度大。规划的合理性不在于传统的技术分析和规范要求，而需要在满足各方利益协调和多方商定的前提下进行科学布局。

（2）选址难

形成符合布局要求、贴近市民需求的选址布局方案需要考虑众多影响因素。除了要考虑现实需求、群众意愿等主观方面的考量，还需要评估设施服务要求、指标配置要求等客观合理性问题。

（3）实施难

社区小型足球场的落地建设牵扯到规划国土政策、权属单位意愿等多重现实问题。规划需确保所选场地满足各项规划要求，避免用地权属冲突，保障可以近期落地实施。

（4）管理难

为实现社区小型足球场的良性运转及长效使用，需考虑利益协调、责权分配等难题。规划需提出合理的实施建议及管理使用机制建议，保障实施后的社区小型足球场真正发挥实际效果。

7.1.5　技术路线

规划以民生为本，以实施为导向，依据现状及相关分析基础，制定全市及各区建设布局方案，进行示范点方案设计，并提出后续实施管理的保障措施建议（图7-3）。

（1）现状分析与评价

以"第六次全国体育场地普查"数据为基础，通过现场摸查、深入访谈、需求调查等方式，分析广州市现状社区体育设施、社区体育公园及社区小型足球场的建设情况，总结存在的突出问题。同时解读相关规划及政策要求，并充分借鉴国内外相关经验。

（2）规划方法与布局

明确规划目标及策略，根据现状特点、供需情况、规划目的及布局要求，结合各区现状及未来建设状况、人口分布特点、居民需求、可达性等问题进行分析，对100个社区小型足球场进行科学合理的布局规划。

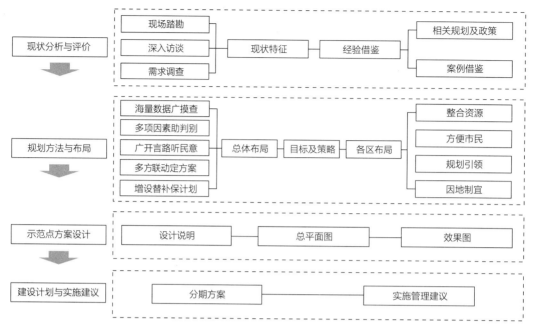

图7-3 技术路线示意图

（3）示范点方案设计

为了营造更优质的社区活动空间，实现以点带面、多元复合的建设理念，力求形成标准化、示范性的社区体育公园建设模式，选取4个可围绕社区小型足球场建设形成社区体育公园的地块，进行修建性详细规划方案深度的总平面设计。

（4）建设计划与实施建议

统筹全市，面向各区，根据具体选址情况综合分析，提出分年度的实施时序方案，并针对社区小型足球场如何建设实施、使用管理、免费开放、长效利用等问题提出相关建议。

7.1.6 工作过程

本次规划的工作过程可以分为前期研究、调研协调、成果编制、成果公布实施四个阶段。

（1）前期研究阶段

制定工作方案，明确工作内容、思路和方法，并选取一些代表地区进行了预调研，以校正工作方案。

（2）调研协调阶段

这是本次规划的主要工作内容。我们将多方利益的沟通协调放在首位，本着重过程、重协调的思路，前后共进行25次部门座谈、56次镇街走访、220余次社区沟通，发放3800份调查问卷。通过"三上三下"的方式，实现每一个场地选址的充分协调沟通，保障其可实施性（图7-4、表7-1）。

（3）成果编制阶段

经过充分的调研协调，规划成果的编制就变得相对简单了。我们按照"多方联动、开门编规划"的原则，倡导各部门、各区、各街镇及市民积极参与到规划建设中，形成了协商式的规划成果。

（4）成果公布实施阶段

规划成果于2015年1月22日通过专家论证评审，3月12日通过广州市体育局的局长办公会审议，3月16日召开新闻通气会，进行成果推广实施。在实施过程中，借鉴"社区规划师"经验，在每个拟选场地都有相应规划师驻场跟进，并联络更多公众力量参与其中，促进选址的建设实施。

图7-4 协调、走访及踏勘工作现场
图片来源：作者自摄

"三上三下"过程一览表 表7-1

三上三下		具体工作内容
一上	制定原则，搜集上报信息表	明确制定本次规划策略及选址原则，连同信息搜集清单一起下发到各区县。由市、区体育局进行指导，由街镇及意向单位自行上报选址方案。对每一个上报方案的基本信息、场地现状信息、建设意向信息、周边环境信息等进行搜集整理
一下	内页判读，初步筛选适建资源	分为两个部分。第一部分通过内页判读、相关用地信息、周边状况等信息对选址资源库进行筛选，进一步剔除不适合作为选址的资源。第二部分对街镇自行上报的选址方案进行初步内业判读，确定其选址合理性，并进行入库整理，确保每一个选点都有详尽的数据作支撑，并与街镇进行沟通。过程中选择典型选址进行现场联合调研确认，明确问题及需求

续表

三上三下		具体工作内容
二上	再次上报, 明确街镇布局意向	市、区体育局进行统筹,街镇根据优化数据库进行二次上报,期间由街镇统筹,组织召开协调会及征求意见,结合问卷发放,充分了解周边居民的建设意愿
二下	叠加筛选, 多要素综合性分析	根据二次上报成果,对选址方案进行现场联合调研,对场地的现状特点、周边建设情况等进行充分了解,结合人口分布特点、居民需求、可达性等问题进行叠加分析,再次提出选址优化方案,同时提出建设时序建议,与街镇进行沟通
三上	明确计划, 上报最终选址方案	街镇根据再次优化方案,进行最终上报,并明确建设项目及模式,根据自身计划明确建设时序安排
三下	最终确认, 成果汇编成册	形成布局规划最终成果,就问题或争议选址进行最后现场联合调研,并与各区、街镇进行确认

注:"三上三下"是对工作过程的概括性总结,实际的协调过程是非常复杂的。

7.2 现状分析与评价

7.2.1 基本情况

根据全国第六次体育场地普查,截至2013年12月31日,广州市全市共有足球场977个[1],场地总面积为550.83hm²,每万人拥有量0.76个[2];共有小型足球场527个,场地总面积为120.94hm²,每万人拥有量0.41个(表7-2)。对比全国(每万人拥有足球场0.12个,详见第3章)和广东省的(每万人拥有足球场0.33个[3])的指标,可以看出广州市足球场建设水平位于全国前列。同时,广州市已达到《全国足球场地设施建设规划(2016—2020年)》提出的"平均每万人拥有足球场地达到0.5块以上,有条件的地区达到0.7块

广州市现状足球场基本情况表 表7-2

序号	足球场类型	足球场数量		足球场面积	
		个数(个)	占总数量比例(%)	面积(hm²)	占总面积比例(%)
1	标准足球场	450	46.06	429.89	78.04
2	小型足球场	527	53.94	120.94	21.96
	合计	977	100	550.83	100

[1] 统计对象包括第六次全国体育场地普查中的足球场、室外7人制足球场、室外5人制足球场、室内5人制足球场,以及场地内含足球场地的体育场、部分田径场、部分小运动场。

[2] 以常住人口计,数据来源于广州统计年鉴,2013年底广州市常住人口为1292.68万人。

[3] 数据来源:广东省足球场地设施建设规划(2016—020年)。

以上"的目标。但对比国外足球发达城市如伦敦（每万人拥有足球场约4个[①]），广州市的足球场建设水平仍相对落后，有很大的提升空间。

根据第五次全国体育场地普查，广州市2003年以前建成的足球场共494个，到2013年足球场总量增加到977个，平均每年约新增48.3个足球场（图7-5）。由此可见，广州市对于足球场的建设日益重视，十年以来的足球场建设成效显著（图7-6）。

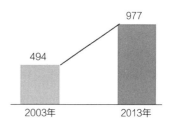

图7-5　2003年与2013年广州市足球场总量对比图（单位：个）
数据来源：第五、第六次全国体育场地普查

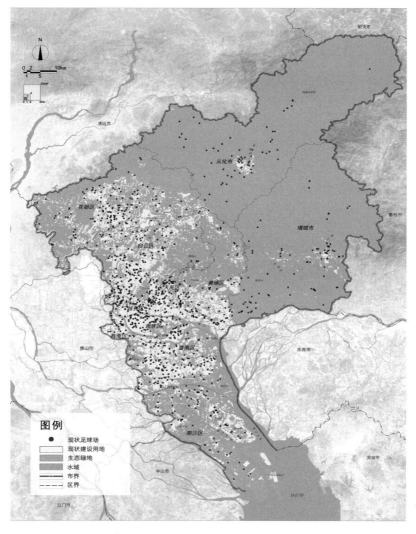

图7-6　广州市域现状足球场分布图

---

① 数据来源：北京万国群星足球俱乐部。

广州市足球场目前的运营模式以自主运营为主，自主运营的足球场942个，占比96.42%；合作运营和委托运营的足球场分别为15个和20个，分别占比1.53%和2.05%。据羊城晚报记者刘云的调查（羊城晚报，2014年10月22日），广州市足球场供不应求，各类场地基本都以被包场的方式预定，预定的人群以企业单位、足球培训班、社区足球队等为主。7人制足球场的平均收费约为700元/2小时，5人制足球场的平均收费为400元/2小时。

7.2.2 形制构成

广州市现状足球场形制以11人制足球场为主，数量有450个，占比46.06%；7人制足球场数量398个，占比40.74%；5人制足球场129个，数量占比最低（表7-3）。

总的看来，目前广州市足球场形制结构仍不均衡，虽然从数量上小型足球场占比高于标准足球场，但细分来看11人制的竞赛性足球场仍占主流地位。为了更有利于开展群众体育运动，特别是考虑到广州市用地条件紧促的现实条件，今后足球场的建设应把重点放在7人、5人、3人制等小型足球场上。

广州市现状足球场形制构成一览表　　　　　　　　　　　表7-3

序号	足球场形制	足球场数量	
		个数（个）	占比（%）
1	11人制	450	46.06
2	7人制	398	40.74
3	5人制	129	13.20
	合计	977	100

7.2.3 分布情况

（1）空间分布

广州市各区足球场分布情况差异较大，虽然中心六区（荔湾区、越秀区、海珠区、天河区、白云区、黄埔区）与外围六区（番禺区、花都区、南沙区、萝岗区、增城市、从化市）的足球场数量相当，但中心六区的人均指标普遍低于外围六区，且都处于平均水平以下。实际上，中心六区的人口集中度高，对足球场的需求旺盛，也就是说目前供需匹配尚不均衡。因此，在整体提升足球场建设数量的同时，也需要适当考虑各区足球场的均衡布局。

番禺区足球场数量248个，远高于其他各区足球场数量，万人拥有足球场数量也达到了1.71个，足球场建设水平处于广州市的领先地位；花都区、增城市、从化市的足球场数量和万人指标都处于较为领先的地位；白云区、天河区、海珠区的足球场数量较多，但万人指标较低，足球场建设仍需与人口相匹配；萝岗区虽然足球场数量不占优势，但万人指标高于广州市平均水平，建设情况较好；荔湾区、南沙区、越秀区的足球场数量和万人指标都较为落后，建设情况有待改善（表7-4、图7-7～图7-9）。

广州市各区足球场现状情况一览表 表7-4

序号	行政区	足球场		小型足球场	
		数量（个）	万人指标（个/万人）	数量（个）	万人指标（个/万人）
1	番禺区	248	1.71	140	0.97
2	从化市	67	1.10	24	0.39
3	花都区	106	1.10	62	0.64
4	萝岗区	36	0.91	23	0.58
5	增城市	82	0.78	48	0.46
6	黄埔区	35	0.75	23	0.49
7	天河区	102	0.69	26	0.18
8	白云区	138	0.61	80	0.35
9	南沙区	30	0.48	16	0.26
10	荔湾区	40	0.45	28	0.31
11	海珠区	59	0.37	42	0.27
12	越秀区	34	0.30	14	0.12
合计		977	0.76	527	0.41

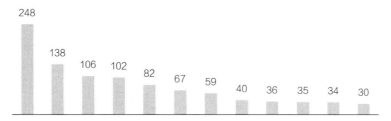

图7-7 广州市各区现状足球场数量比较图（单位：个）

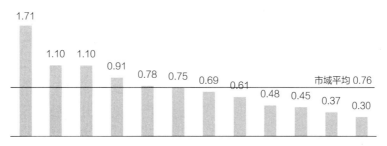

图7-8 广州市各区现状足球场万人指标比较图（单位：个/万人）

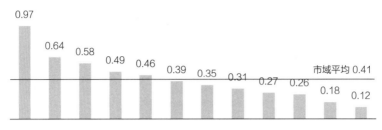

图7-9　广州市各区现状小型足球场万人指标比较图（单位：个/万人）

（2）所属系统分布

广州市足球场所属系统主要为教育系统，数量有788个，占比80.66%。体育系统内足球场数量仅有44个，占比4.50%。其他系统内足球场数量145个，占比14.84%。其中小型足球场所属系统仍主要为教育系统，数量有409个，占比77.61%。体育系统内小型足球场数量19个，占比3.61%。其他系统小型足球场数量99个，占比18.79%（表7-5）。

总的看来，目前广州市足球场绝大部分资源集中在教育系统。体育系统和其他系统足球场占比都较少，尤其是体育系统。因此，整合利用各系统资源应作为未来足球场规划建设的重要策略。

广州市现状足球场所属系统一览表　　　　　　　　　　表7-5

序号	所在系统		足球场		小型足球场	
			数量（个）	占比（%）	数量（个）	占比（%）
1	体育系统		44	4.50	19	3.61
2	教育系统		788	80.66	409	77.61
	其中	高等院校	113	11.57	18	3.42
		中专中技	34	3.48	10	1.90
		中小学	628	64.28	374	70.97
		其他教育系统	13	1.33	7	1.33
3	其他系统		145	14.84	99	18.79
合计			977	100	527	100

7.2.4　开放使用情况

（1）总体情况

广州市足球场整体开放率不高。现状977个足球场中仅有380个对外开放（包括全天开放和部分时段开放），开放率仅为38.89%。开放足球场面积为222.10hm²，其中开放小型足球场面积为33.41hm²。每万人拥有开放足球场为0.29个，每万人拥有开放小型足球场为0.15个（表7-6）。

在开放足球场中，番禺区、增城市、天河区、花都区的利用情况较好；其他区的万人指标均低于广州市平均水平，对足球场的资源利用仍需进一步加强。而开放的小型足球场中，增城市、番禺区、花都区、荔湾区、黄埔区和海珠区的利用情况较好，其他区的小型足球场利用仍需进一步加强，尤其是越秀区和天河区（表7-7、图7-10 ～图7-12）。

开放的标准足球场和小型足球场分别占比为49.21%和50.79%，两者数量相当。为了有利于群众体育活动的开展，应多布置小型足球场，不仅更方便市民的使用，而且小型足球场对用地要求较标准足球场宽松，布局模式也更为灵活，比较适合广州市这种建设用地较为紧张的城市布局。

广州市现状开放足球场基本情况表　　　　　　　　表7-6

序号	足球场类型	开放足球场数量		开放足球场面积	
		个数（个）	占总数量比例（%）	面积（hm²）	占总面积比例（%）
1	标准足球场	187	49.21	188.69	84.96
2	小型足球场	193	50.79	33.41	15.04
	合计	380	100	222.10	100

广州市各区现状开放足球场情况一览表　　　　　　　　表7-7

序号	行政区	开放足球场		开放小型足球场	
		数量（个）	万人指标（个/万人）	数量（个）	万人指标（个/万人）
1	番禺区	79	0.55	38	0.26
2	增城市	54	0.51	29	0.28
3	花都区	36	0.37	19	0.20
4	天河区	48	0.32	8	0.05
5	黄埔区	12	0.26	8	0.17
6	从化市	15	0.25	5	0.08
7	荔湾区	22	0.25	17	0.19
8	萝岗区	10	0.25	5	0.13
9	白云区	51	0.23	31	0.14
10	海珠区	33	0.21	24	0.15
11	南沙区	7	0.11	4	0.06
12	越秀区	13	0.11	5	0.04
	合计	380	0.29	193	0.15

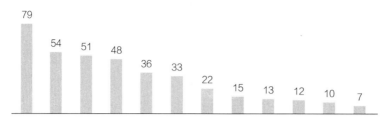

图7-10　广州市各区现状开放足球场数量比较图（单位：个）

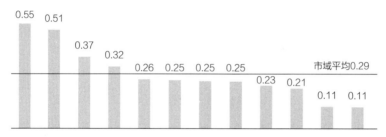

图7-11　广州市各区现状开放足球场万人指标比较图（单位：个/万人）

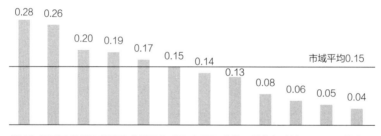

图7-12　广州市各区现状开放小型足球场万人指标比较图（单位：个/万人）

（2）开放足球场所属系统

体育系统足球场总量不大，但开放率最高，达88.64%，不开放的主要为竞技训练场或赛场。

62.37%的开放足球场集中在教育系统，尤其是中小学，可见教育系统的足球场是主要的场地供给资源。但教育系统足球场的整体开放率偏低，仅有30.08%，这也是全部足球场开放率偏低的主要原因。

其他系统的开放足球场数量也较多，有104个，占全部足球场的27.37%，主要包括村镇、居住区自建的足球场，以及一些经营性的体育俱乐部。由此可看出社会资源在足球场的建设中发挥了不少力量（表7-8）。

广州市现状开放足球场所属系统一览表　　　　表7-8

序号	所在系统		开放足球场数量（个）	未开放足球场数量（个）	开放比例（%）
1	体育系统		39	5	88.64
2	教育系统		237	551	30.08
	其中	高等院校	55	58	48.67
		中专中技	14	20	41.18
		中小学	161	467	25.64
		其他教育系统	7	6	53.85
3	其他系统		104	41	71.72
	合计		380	597	38.89

（3）开放足球场分布场所

广州市足球场分布场所类型有9种。其中公园、广场、宾馆等公共场所的足球场全部开放，开放率均为100%。居住小区/街道和乡镇/村的开放率也比较高，均达到了90%左右。工矿、机关企事业单位楼院和其他场所足球场开放率相对较低，分别为66.67%、42.11%、60.78%。校园内足球场的开放率最低，仅有30.29%。

同时可以发现，足球场的分布场所有待改善，目前分布在公园、广场的足球场仅为32个，约占总数的3.28%；分布在居住小区/街道和乡镇/村的仅为69个，约占总数的7.06%（表7-9）。

广州市现状开放足球场分布场所一览表　　　　表7-9

序号	场所类型	开放足球场数量（个）	未开放足球场数量（个）	开放比例（%）
1	宾馆、商场、饭店	1	0	100
2	工矿	4	2	66.67
3	公园	15	0	100
4	广场	17	0	100
5	机关企事业单位楼院	8	11	42.11
6	居住小区/街道	37	4	90.24
7	其他	31	20	60.78
8	乡镇/村	25	3	89.29
9	校园	242	557	30.29
	合计	380	597	38.89

7.2.5　居民需求情况分析

此部分分析数据来源于《广州市公共体育设施及体育产业功能区布局专项规划》(组织单位：广州市体育局，编制单位：广州市城市规划勘测设计研究院)开展的《广州市公共体育设施问卷调查》，问卷派放于2014年7～8月，以广州市12个区内的居民作为调查对象，共发放问卷3800份，回收有效问卷3040份。根据问卷统计结果，提取出相对应的结论对广州市足球场的需求情况进行分析。

（1）足球场建设应该更注重群众性

在锻炼意图的调查中，受访对象主要以强身健体、防治疾病、减压、消遣娱乐为目的，以提高运动技能为目的的比例十分少。可见大众居民运动目的是以健身娱乐为主，并不追求专业竞技性（图7-13）。因此相比于专业的11人制标准足球场，3、5、7人制的小型足球场更符合群众的锻炼需求。

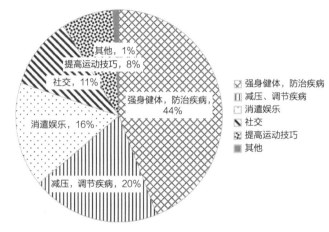

图7-13　受访对象锻炼意图统计结果

（2）场地的缺乏会严重影响居民锻炼的积极性

在不锻炼的原因的调查中，受访者表示不锻炼的主观原因是没有时间，而客观原因则是就近没有场地或设施。可见体育场地及设施的不足，对居民的体育锻炼积极性会造成很明显的影响（图7-14）。因此如果要提高广州市的足球发展水平，在足球场的数量及覆盖范围上必须有所提升。

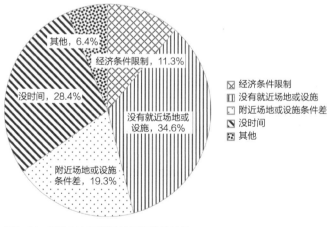

图7-14　受访对象不锻炼的原因统计结果

（3）应提高公园广场及社区内部的足球场建设比例

在锻炼地点选择的调查中，受访对象表示最乐意去公园广场进行体育锻炼，另外选择在社区内、自家室内或庭院、街头巷尾这类住宅附近的场所进行体育锻炼的比例也很高，而选择去个体经营的体育场所或健身会所、大中型体育场馆等类型的场地进行体育锻炼的比例较低（图7-15）。可见在足球场的规划中应更多结合公园广场、居住小区内及居住小区周边规划设置。

（4）小型足球场比较受群众欢迎

在设施需求类型的调查中，足球场和篮球场的需求占比较高，在居民希望增加的体育设施中，小型足球场也位于球类运动设施的前列。加之近几年广州恒大俱乐部与广州富力俱乐部在亚冠和中超赛场上所取得的成功，广州市民参与足球活动的积极性也更为高涨（图7-16）。

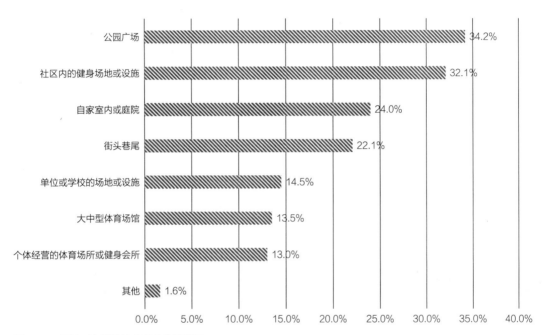

图7-15　受访对象锻炼地点意向统计结果

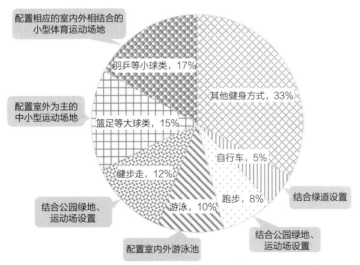

图7-16　受访对象体育设施需求类型统计结果

7.2.6 现状特征总结

（1）足球场总体数量有限，尤其是中心城区人均指标偏低

虽然广州市足球场建设水平位于我国前列，但总体数量仍相对有限。在广州市各区每万人拥有足球场数量的比较中，黄埔、白云、天河、荔湾、海珠、越秀等中心城区每万人拥有的足球场数量普遍低于外围城区。再加上中心城区的用地较为紧张，在小型足球场的选址中应针对性地对不同区域的选址提出相应策略。

（2）中心城区足球场分布较为密集，外围城区覆盖率较低

在广州市各区的足球场布局比较中，可以发现中心城区的足球场分布较为密集，覆盖率较高，布局形式较为均衡；而外围城区的足球场分布较为分散，覆盖率较低，特别是一些村镇比较缺乏足球场的覆盖。

（3）教育系统内足球场占比较大，但整体开放率不高

广州市足球场数量当中教育系统占比达到80.66%，远高于体育系统及其他系统，但其开放率只有30.08%，说明教育系统内的足球场资源并没有得到充分的利用，导致广州市足球场的整体开放率也仅有38.89%。

（4）分布在社区、公园广场等场所的足球场较少，与居民需求不匹配

在广州市977个足球场当中，分布在社区、公园广场的足球场数量仅有101个，占比只有10.34%。但通过问卷调查数据发现，居民觉得分布在这些场所的足球场是最受欢迎的，说明广州市现有的足球场分布与居民的需求仍有很大差距。

（5）足球场需求较大，供不应求，但场地落实困难较大

从问卷调查结果以及访谈中各处足球场经营情况来看，目前广州市足球场需求较大，各处场地常常出现供不应求的情况。但在具体对街道及各权属单位的访谈过程中发现，广州市现状可用建设场地极其缺乏，在经济利益、后续投入等各方面的权衡下，很少有建设单位愿意主动积极提供足球场的建设空间，造成了即使足球场需求较大，但场地落实仍旧非常艰巨的不对等情况。

7.3 规划目标及指标

7.3.1 规划目标

近期，从广州市发展实际出发，根据国家足球试点城市建设和《广州市足球试点城市工作计划（2014—2016年）》的要求，从2014年起，用三年时间建设100个3人制、5人制、7人制的社区小型足球场，以此作为广州市建设国家足球试点城市和持续推进社区体育发展的重要举措和良好开端。

远期，本次规划的编制，将对广州市未来足球场地设施建设起到一定的引导和规范作

用，到2020年，广州市足球场地设施建设能够满足国家及广东省的各项要求，带动全民支持、全民参与的群众体育氛围，为城市健康发展以及中国足球水平的整体提升贡献力量。

7.3.2　指标分区研究

规划以各区的实际情况为依据，通过多方面的因素进行判别，从"哪里最需要""哪里最可行"两个方面进行分析，避免"派任务""一刀切"现象出现，以求科学合理地将建设指标分配到各区，毕竟100个小型足球场分配到全市各区并不算多。

（1）哪里最需要

通过对现状各区足球场总面积、数量以及人均指标的综合叠加，分析各区现状足球场配置情况，从而得出各区需求程度，判断出哪里最需要配置小型足球场。可以看出，越秀区、海珠区、黄埔区指标偏低，需求最旺盛；番禺区、白云区、花都区指标相对较高，但同样也有旺盛需求（图7-17）。

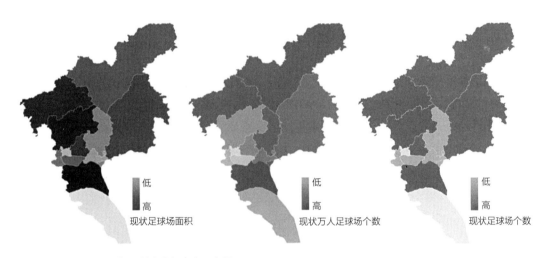

图7-17　"哪里最需要"的基本分析要素示意图

（2）哪里最可行

通过对各区发展策略、新老城区落实难度及各区建设意愿的综合考量，结合多次调研沟通情况，判断出哪里实施起来最为可能。可以得出，越秀区、荔湾区及番禺区的土地问题凸显，实施难度较大。花都、南沙、萝岗等区有相对较高的建设意愿和潜力（图7-18）。

（3）指标分区建议

规划通过叠加分析、量化对比、统筹考虑等方法，对各区的需求及供给情况进行分析，科学合理地将建设指标分配到各区（图7-19）。以总量100个社区小型足球场为建设目标，将12个区分成三个建设目标档，其中三档建设目标为6个，二档建设目标为8

个，一档建设目标为12个。这种工作分配模式有助于工作推进落实，还能调动各区实施的积极性。具体实施中，根据各区进度和具体情况适当调整，因此最终的建设统计结果与该建设目标有一定差异（表7-10）。

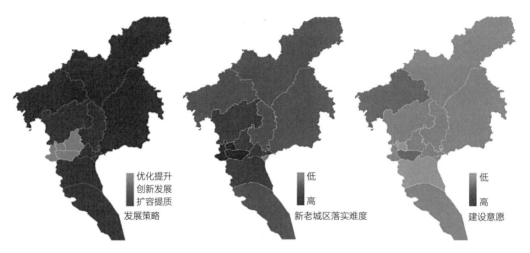

图7-18 "哪里最可行"的基本分析要素示意图

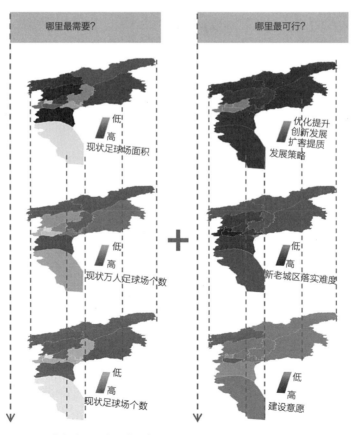

图7-19 指标分区研究思路示意图

建设指标分配建议表 表7-10

序号	行政区	建议建设目标（个）	
1	番禺区	6	三档
2	萝岗区	6	
3	南沙区	6	
4	从化市	6	
5	越秀区	8	二档
6	荔湾区	8	
7	天河区	8	
8	黄埔区	8	
9	增城市	8	
10	海珠区	12	一档
11	白云区	12	
12	花都区	12	
合计		100	

7.4 市域规划布局

规划的分区指标仅仅是对总目标的初步划分，真正的空间布局才是本次规划面向实施落地的关键。结合前文中探讨的社区足球场规划策略、方法等内容，根据广州市的实际情况和特点制定出本次规划的选址原则和总体布局方案。

7.4.1 选制原则

（1）规划引领，有序建设

选址应符合城乡规划、土地利用总体规划等上层次相关规划，做到依法依规建设。选址必须位于土地利用总体规划的建设用地范围内，对于城乡规划中确定的体育用地可优先选择，作为其他类用地附属设施且取得权属单位同意的可作为选址。

（2）贴近社区，方便市民

选址应尊重居民意愿，充分征求当地居民意见，把政府组织实施与群众自觉参与有机结合起来；选址与人口分布相适应，要充分考虑适宜的服务半径和慢行可达性，方便居民就近使用，体现"运动就在家门口"的原则。

（3）因地制宜，合理布局

选址应按照《关于土地节约集约利用的实施意见》（穗府办〔2014〕12号）的相关规定，建成区可利用现有的城市闲置空地、社区边角地、街头绿地、公园绿道等公共用地，结合新城建设与旧区改造，统筹体育、文化、景观等社区公益性设施建设，做到合理布局、一场多用、老少皆宜。

（4）整合资源，统筹兼顾

选址应接近社区居民流动密集场所，要整合多项城市空间容量因素，统筹兼顾区域内各级各类公共服务设施资源，以城乡街镇社区为主，合理安排选址布点，发挥最大的综合效益。趋利避害，避开危险源、断裂带、高压线等不利要素。

7.4.2 总体布局

规划基于海量的基础数据，通过各区现状及近期建设状况、人口分布特征、居民需求、设施可达性等多因素的叠加分析，并引入居民意愿问询及反馈机制，经过多次上下联动的协调方式确定选址。同时，借鉴足球运动中替补球员的规则，按照总量20%的比例增设替补场地，切实保证建设目标。

重点结合各类用地中的闲置空地或附属绿地，以及社区边角地来建设小型足球场，使原本废弃、低效的用地得到有效利用，提升环境及经济效益，达到"变废为宝"的效果。同时，以建设小型足球场为契机，带动周边治理，推动形成功能多元复合的社区综合体育场地，激发社区活力，达到"小中见大"的效果。

全市共规划选址120个小型足球场，其中3人制足球场30个、5人制足球场43个、7人制足球场47个。场地面积总计为17.22hm²，其中20个备选场地的面积为2.76hm²（图7-20、表7-11）。

广州市域社区小型足球场规划布局指标表　　　　　　　　　　　表7-11

区名	3人制足球场（个）	5人制足球场（个）	7人制足球场（个）	数量小计（个）	场地面积（hm²）
越秀区	5（2）	5	—	10（2）	0.52（0.07）
海珠区	3（1）	2	9（1）	14（2）	2.39（0.34）
荔湾区	2	7（1）	1	10（2）	0.77（0.14）
天河区	3	3（2）	4	10（2）	1.71（0.15）
白云区	3	2（1）	9（1）	14（2）	2.48（0.39）
黄埔区	3（1）	6（1）	1	10（2）	0.87（0.10）
花都区	—	5（1）	9（1）	14（2）	3.54（0.42）
番禺区	4	2	1（1）	7（1）	0.63（0.32）
南沙区	1	3（1）	3	7（1）	0.75（0.10）
萝岗区	—	3	4（1）	7（1）	1.49（0.32）
从化市	1	4（1）	2	7（1）	0.82（0.10）
增城市	5（1）	1	4（1）	10（2）	1.27（0.33）
合计	30（6）	43（8）	47（6）	120（20）	17.22（2.76）

注：本表括号内的数量为备选场地的信息，如越秀区足球场数量小计"10（2）"表示共规划10个足球场，其中2个为备选足球场；场地面积"0.52（0.07）"表示规划的10个足球场面积0.52hm²，其中2个备选足球场面积0.07hm²。

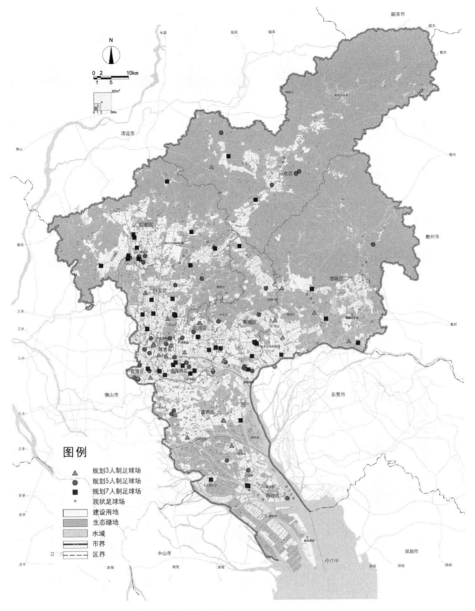

图7-20　广州市域社区小型足球场规划布局图

7.4.3　预期效果

（1）布局形式更加优化

为满足群众日常参与体育健身运动的需求，小型足球场的布局着眼社区，选址位于人口密集、交通便捷的地点，便民利民。

其中，位于社区内建设的有77个，场地面积约10.89hm²；位于村庄内建设有43个，场地面积约6.33hm²。

两种布局形式的场地数量与场地面积较匹配，社区内及村庄内建设的社区小型足球场的场地面积相对均衡（图7-21、图7-22）。

（2）建设方式更加多样

为满足社区的实际需求，根据相关规划及建设指引，小型足球场采取多样的建设模式，主要有独立体育用地建设、结合公园广场建设、社区配套建设、利用荒地弃置地建设四种。

其中，独立体育用地建设的小型足球场有4个，场地面积1.01hm²；结合公园广场建设的有42个，场地面积5.39hm²；利用荒地弃置地建设的有38个，场地面积5.40hm²；社区配套建设的有36个，场地面积5.42hm²。

结合公园广场建设的数量占多，社区配套建设的场地面积占多，这对提高公园广场和社区公共空间的利用效率，满足居民健身需求均有积极作用（图7-23、图7-24）。

（3）场地面积显著增长

规划120个小型足球场面积共17.22hm²。其中建设指标范围内的100个小型足球场面积共14.46hm²，其余20个备选的小型足球场面积共2.76hm²。

2013年底，广州市对外开放的社区小型足球场数量为193个，场地面积为33.41hm²，如能顺利完成指标范围内的100个小型足球场（要求全部对外开放）建设目标，广州市对外开放的小型足球场场地面积将达到47.87hm²，较2013年有43.28%的增长（图7-25、图7-26）。

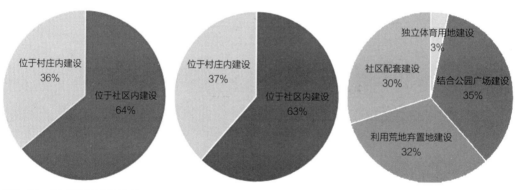

图7-21 布局形式的数量占比　　　图7-22 布局形式的场地面积占比　　　图7-23 各类建设模式的数量占比

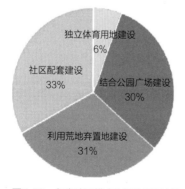

图7-24 各类建设模式的场地面积占比

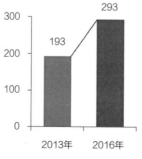

图7-25 对外开放小型足球场数量增长预期（个）

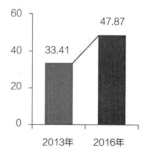

图7-26 对外开放小型足球场面积增长预期（hm²）

（4）服务范围更为合理

本次规划按照居民步行15分钟可达的要求，以服务覆盖半径1200m进行分析，广州市现状社区小型足球场服务覆盖范围为32.41%。规划实施后，社区小型足球场服务覆盖范围将提高到40.03%，服务覆盖率有了明显的提升，既优化了中心城区的社区体育设施布局结构，又补充了外围城区社区体育设施的不足，提升了市域公共体育设施的整体服务水平（图7-27）。

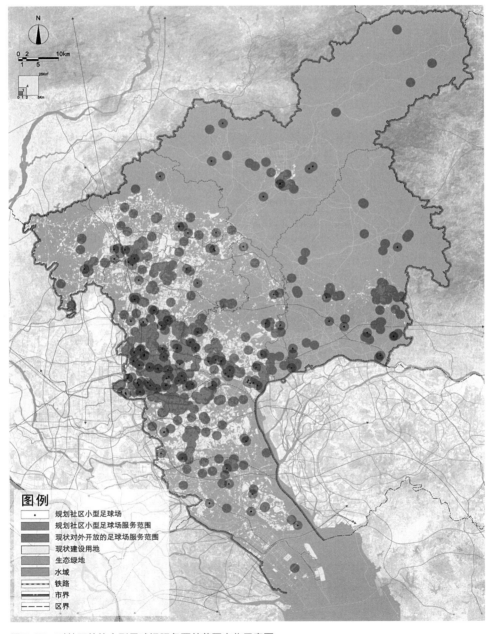

图7-27　对外开放的小型足球场服务覆盖范围变化示意图

7.5 分区建设规划

以指导各区具体建设为目标，按照行动规划的思路，规划制定了12个区的社区小型足球场建设规划。

7.5.1 越秀区[①]

（1）规划布局

越秀区是广州市面积最小、人口密度最高的地区。越秀区下辖18个街道，总面积33.80km²，仅占全市总面积的0.45%；2013年常住人口114.09万人，占全市总人口的8.83%，人口密度为3.34万人/km²。截至2013年底，现有足球场34个，万人指标0.30个/万人，远低于0.7个/万人的国家相关建设标准及0.76个/万人的全市平均指标；属于急需社区小型足球场建设，但具有较高建设难度的区域，分区建设指标为8个。

按照分区建设指标要求，越秀区选址社区小型足球场10个，其中3人制足球场5个、5人制足球场5个，其中2个为备选足球场（表7-12）。

越秀区社区小型足球场规划一览表　　　　　　　　　　表7-12

街镇名	名称（地址）	面积（m²）	建议形制
黄花岗街道	黄花岗街空军司令部社区足球场（商检大厦东侧）	800	3人制
白云街道	二沙岛社区体育公园足球场（玉字街东侧）	640	5人制
流花街道	流花桥社区足球场（流花路111号）	350	3人制
流花街道	流花桥社区足球场（流花路111号）	600	3人制
华乐街道	华侨新村足球场（友爱路1号）	450	5人制
矿泉街道	广州机务段社区足球场（机务段大街120号附近）	450	5人制
登峰街道	云泉路西侧足球场（雄鹰学校南侧）	600	5人制
登峰街道	云泉路西侧足球场（雄鹰学校南侧）	600	5人制
人民街道	海珠广场足球场（侨光路西侧）（备选）	350	3人制
白云街道	沿江东路足球场（海印大桥桥脚）（备选）	350	3人制

（2）规划落实情况

越秀区人口密度大，现状场地数量少，可用建设用地也最为紧张，是需求度最高，

[①] 行政区划、面积、人口数据来源于《广州统计年鉴》，建成的社区小型足球场来源于广州市体育局官网公告的社区足球场名单，下同。

但建设可能性最小的一个区。规划中，为破解越秀区的建设难题，主要结合公园绿地、社区空闲场地等建设足球场。在本次规划布局基础上，基本完成了分区指标要求，全区最终共建设7个社区小型足球场，其中3人制足球场3个、5人制足球场2个、7人制足球场2个，场地面积总计0.71hm²（表7-13、图7-28）。

越秀区最终建设社区小型足球场情况一览表　　　　表7-13

编码	街镇名	名称	地址	面积（m²）	建议形制
YX01	流花街道	流花桥社区足球场	流花路111号	1105	5人制
YX02	白云街道	二沙岛体育公园足球场	二沙岛晴波路	731	5人制
YX03	黄花岗街道	区庄社区足球场	黄花岗街道环市东路	700	3人制
YX04	流花街道	流花桥社区足球场	流花路111号	608	3人制
YX05	东山街道	明月社区足球场	明月一路62号	485	3人制
YX06	白云街道	绿茵社区足球场	东湖西路26号	1560	7人制
YX07	登峰街道	桂花岗社区足球场	桂花岗社区飞鹅路68号	1885	7人制

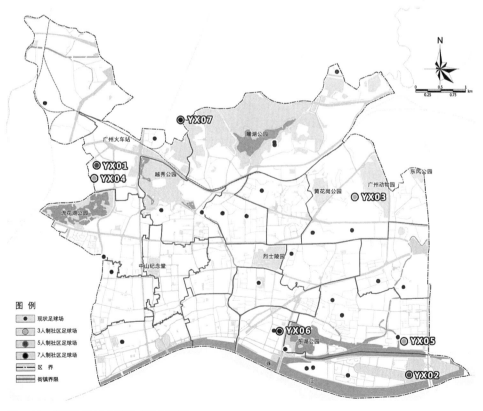

图7-28　越秀区社区小型足球场布局图

7.5.2 荔湾区

（1）规划布局

荔湾区地处广州市西部，紧邻佛山，跨越珠江两岸，是广州市唯一拥有珠江"一江两岸"独特环境优势的城区。荔湾区下辖22个街道，总面积59.10km²，仅占全市总面积的0.79%；2013年常住人口88.92万人，占全市总人口的6.88%。但荔湾区珠江两岸人口与空间分布不均，珠江北岸建设密度高、人口多，占总人口的67%，面积却不足全区总面积的30%。截至2013年底，现状足球场40个，万人指标0.45个/万人，远低于0.7个/万人的国家相关建设标准及0.76个/万人的全市平均指标；属于急需社区小型足球场建设，但具有一定建设难度的区域，分区建设指标为8个。

按照分区建设指标要求，荔湾区选址社区小型足球场10个，其中3人制足球场2个、5人制足球场7个、7人制足球场1个，其中2个为备选足球场（表7-14）。

荔湾区社区小型足球场规划一览表　　　　　表7-14

街镇名	名称（地址）	面积（m²）	建议形制
冲口街道	坑口社区足球场（坑口大街182号）	2500	7人制
茶滘街道	葵蓬社区足球场（凤溪村广豪中学以北）	600	5人制
中南街道	海中村二社足球场（海中七路北段东侧）	320	3人制
南源街道	南岸路中信西关海社区足球场（青年公园北侧）	500	5人制
中南街道	海中村七社足球场（河涌旁）	450	5人制
中南街道	海中村七社足球场（河涌旁）	450	5人制
南源街道	南岸路中信西关海社区足球场（青年公园北侧）	500	5人制
白鹤洞街道	鹤园中九巷足球场（鹤园小区东侧）	1000	5人制
逢源街道	宝华路逢源花苑足球场（近长寿路地铁站）（备选）	1000	5人制
东漖街道	荷景路足球场（永旭工业园北侧）（备选）	350	3人制

（2）规划落实情况

荔湾区珠江两岸人口密度和建设难度差异较大，老荔湾区人口密集，可建设用地极为紧缺；芳村地区可建设空间较为充足。在前期规划协调中，为了缓解老荔湾区的需求窘境，将部分指标向其倾斜，但在实际建设过程中却遇到了落地困难。因此，在本次规划布局基础上，仅完成5个社区小型足球场建设，其中3人制足球场1个、5人制足球场2个、7人制足球场2个，场地面积总计0.78hm²（表7-15、图7-29）。

荔湾区最终建设社区小型足球场情况一览表　　　　表7-15

编码	街镇名	名称	地址	面积（m²）	建议形制
LW01	冲口街道	坑口社区足球场	荔湾区坑口大街182号坑口小学内	2500	7人制
LW02	茶滘街道	茶滘街葵蓬社区足球场	葵蓬广豪中学以北	600	3人制
LW03	中南街道	海中村社区足球场	海中村二社涌边	1000	5人制
LW04	南源街道	南源街西关海足球场	南岸路西侧中信西关海内	1200	5人制
LW05	白鹤洞街道	鹤园社区足球场	鹤圆路15号鹤园小区东侧	2500	7人制

图7-29　荔湾区社区小型足球场布局图

7.5.3 海珠区

（1）规划布局

海珠区位于广州市中部，四面为珠江广州河段环抱。海珠区下辖18个街道，总面积90.40km²，占全市总面积的1.22%；2013年常住人口158.34万人，占全市总人口的12.25%。截至2013年底，现有足球场59个，万人指标0.37个/万人，远低于0.7个/万人的国家相关建设标准及0.76个/万人的全市平均指标；属于急需社区小型足球场建设，且具有一定建设能力的区域，分区建设指标为12个。

按照规划分区指标要求，海珠区选址社区小型足球场14个，其中3人制足球场3个、5人制足球场2个、7人制足球场9个，其中2个为备选足球场。

海珠区社区小型足球场规划一览表　　　　　　表7-16

街镇名	名称（地址）	面积（m²）	建议形制
官洲街道	赤沙社区足球场（金运路1号）	1100	5人制
江海街道	新安社区足球场（南华大街南二巷16号）	3000	7人制
华洲街道	土华社区足球场（华洲路182号）	2700	7人制
赤岗街道	客村社区足球场（广州大道南702-706号）	2400	7人制
南洲街道	上涌公园足球场（上涌东约十巷）	1000	7人制
凤阳街道	鹭江社区足球场（鹭江西街群星苑南侧）	3200	7人制
官洲街道	仑头社区足球场（仑头环村北路）	2100	7人制
瑞宝街道	石溪村文娱广场足球场（石溪蚝壳洲东街15号）	350	7人制
南石头街道	工业大道庄头公园足球场（工业大道东220号）	1000	7人制
南洲街道	上涌公园足球场（上涌东约十巷）	350	3人制
官洲街道	赤沙路足球场（广州土地房产学校南侧）	800	5人制
南石头街道	工业大道庄头公园足球场（工业大道东220号）	350	3人制
南石头街道	工业大道广纸东五街足球场（广纸文化广场南侧）（备选）	3000	7人制
南洲街道	上涌公园足球场（瑞海街西马路）（备选）	350	3人制

（2）规划落实情况

海珠区人口较多，人口密度呈现两极分化。其中海珠区西侧人口密集，建设难度较大；东侧区域人口较少，并且具有较为充足的建设空间，前期规划协调时社区小型足球场选址均在海珠区中部及东部区域。在本次规划布局基础上，海珠区基本完成了分区指标要求，全区最终共建设10个社区小型足球场，其中5人制足球场3个，7人制足球场7个，场地面积总计2.16hm²（表7-17、图7-30）。

海珠区最终建设社区小型足球场情况一览表 表7-17

编码	街镇名	名称	地址	面积 (m²)	建议形制
HZ01	南洲街道	上涌社区足球场	瑞海西马路上涌果树公园内	1374	7人制
HZ02	江海街道	江海街新安社区足球场	新安社区南华大街南二巷16号	2930	7人制
HZ03	华洲街道	土华社区足球场	土华村华洲路182号	2700	7人制
HZ04	赤岗街道	赤岗街客村社区足球场	广州大道南702-706号	2400	7人制
HZ05	官洲街道	广州ALLIN体育公园	新港东路170号金运路1号	1092	5人制
HZ06	凤阳街道	鹭江社区足球场	鹭江西街97号	3644	7人制
HZ07	官洲街道	广州市海珠体育中心足球场	石榴岗路118号	1008	5人制
HZ08	官洲街道	广州市海珠体育中心足球场	石榴岗路118号	1008	5人制
HZ09	琶洲街道	拾号体育公园	新港东路琶洲东村新马路18号	3176	7人制
HZ10	琶洲街道	拾号体育公园	新港东路琶洲东村新马路18号	2322	7人制

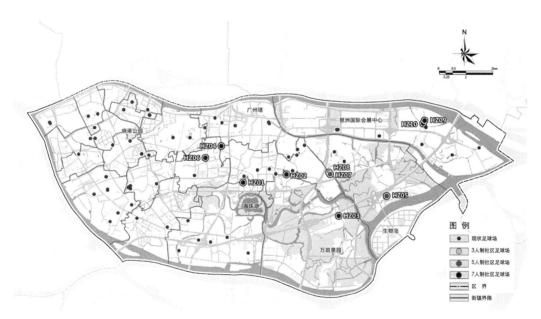

图7-30 海珠区社区小型足球场布局图

7.5.4 天河区

（1）规划布局

天河区位于广州市中部,是广州CBD所在的新城市中心区,总面积96.33km²,占全市总面积的1.30%,下辖21个街道;2013年常住人口148.43万人,占全市总人口的11.48%。截至2013年底,现有足球场102个,万人指标0.69个/万人,略低于0.7个/万人的国家相关建设标准和0.76个/万人的全市平均指标；属于需求迫切程度及建设难度中等的区域，但综合考虑其位于中心城区的因素，设定分区建设指标为8个。

按照分区建设指标要求，天河区选址社区小型足球场10个，其中3人制足球场3个、5人制足球场3个、7人制足球场4个，其中2个为备选足球场（表7-18）。

天河区社区小型足球场规划一览表　　　　　　　　表7-18

街镇名	名称（地址）	面积（m²）	建议形制
长兴街道	长兴街兴科社区足球场（中科院化学所）	1100	5人制
凤凰街道	银排岭公园文体广场足球场（华美路新华学院路段）	850	3人制
凤凰街道	银排岭公园文体广场足球场（华美路新华学院路段）	850	3人制
黄村街道	黄村街文体活动中心足球场（育英路35号）	3400	7人制
长兴街道	岑村塘脖路足球场（新南街中段）	3000	7人制
珠吉街道	珠吉路吉山西社区足球场（新街自编102）	3000	7人制
珠吉街道	岐山路社区足球场（岐山路183号）	3000	7人制
冼村街道	珠江新城花城大道珠江公园足球场（金穗路900号）	390	3人制
兴华街道	广汕路银定塘后街足球场（银定塘后街南段）（备选）	500	5人制
长兴街道	岑村塘脖路足球场（新南街中段）（备选）	1000	5人制

（2）规划落实情况

天河区大型体育设施较多，拥有广东奥林匹克体育中心和天河体育中心，但小型足球场较少，社区体育设施相对缺乏。在本次规划布局的基础上，天河区主要在区内东侧及北侧区域，借助公园绿地和相关社区、企事业单位的场地，较好地完成了分区指标要求，全区共建设8个社区小型足球场，其中3人制足球场2个、5人制足球场2个、7人制足球场4个，场地面积总计1.47hm²（表7-19、图7-31）。

天河区最终建设社区小型足球场情况一览表　　　　　　表7-19

编码	街镇名	名称	地址	面积（m²）	建议形制
TH01	凤凰街道	柯木塱银排岭公园足球场	银排岭公园文体广场	500	3人制
TH02	凤凰街道	柯木塱银排岭公园足球场	银排岭公园文体广场	500	3人制
TH03	黄村街道	黄村街文体活动中心	黄村街文体活动中心	2500	7人制
TH04	长兴街道	长兴街兴科社区足球场	兴科路368号大院内	1500	5人制
TH05	棠下街道	贤韵俱乐社区足球场	新广氮花园天坤二路2号	869	5人制
TH06	棠下街道	贤韵俱乐社区足球场	新广氮花园天坤二路2号	3104	7人制
TH07	龙洞街道	龙汇社区足球场	龙洞东园二横路1号	2738	7人制
TH08	天河南街道	天河村社区足球场	广和路自编1号	3000	7人制

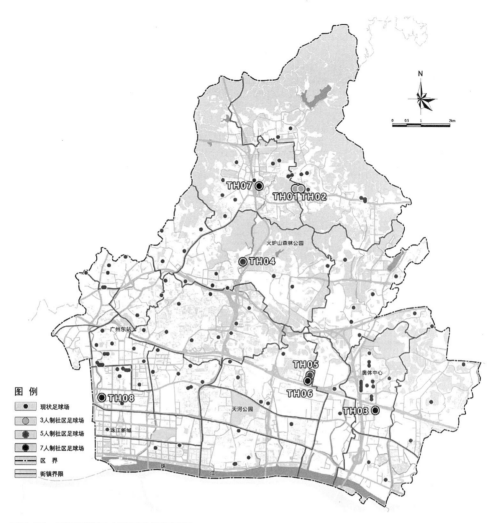

图7-31　天河区社区小型足球场布局图

7.5.5　白云区

（1）规划布局

白云区位于广州市中北部，总面积795.79km²，占全市总面积的10.70%，下辖18个街道和4个镇；2013年常住人口226.57万人，占全市总人口的17.53%，常住人口数量位于广州市各区之首，且外来人口比重较高，占61.9%；人口分布南多北少，人口密度较高的街道为同德街、新市街和棠景街。截至2013年底，现有足球场138个，万人指标0.61个/万人，略低于0.7个/万人的国家相关建设标准和0.76个/万人的全市平均指标；属于需求迫切程度中等、建设难度较低的区域，但综合考虑其位于中心城区且建设空间相对充足等因素，设定分区建设指标为12个。

按照分区建设指标要求，白云区选址社区小型足球场14个，其中3人制足球场3个、5人制足球场2个、7人制足球场9个，其中2个为备选足球场（表7-20）。

白云区社区小型足球场规划一览表　　　　　　表7-20

街镇名	名称（地址）	面积（m²）	建议形制
永平街道	云山社区足球场（从云路400号）	400	3人制
鹤龙街道	联边文体公园足球场（鹤龙街喜德路5号）	700	5人制
白云湖街	白云湖环滘文化体育广场足球场（车场直街环滘公园东部）	2400	7人制
江高镇	文化体育公园足球场（河心街1号江高体育公园）	400	3人制
均禾街道	石马社区足球场（小马市场旁）	2700	7人制
松洲街道	聚龙文体公园足球场（同德围德康路13号附近）	2500	7人制
永平街道	东平社区足球场（横岗东路28号附近）	1750	7人制
钟落潭镇	长腰岭村文化体育公园足球场（长腰岭村委会附近）	300	3人制
永平街道	春晖闲庭社区足球场（同泰路春晖街1号附近）	2000	7人制
石井街道	红星村足球场（石沙路619号）	3000	7人制
钟落潭镇	乌溪村文化体育公园足球场（乌溪村民委员会以西100米）	2700	7人制
永平街道	春晖闲庭社区足球场（同泰路春晖街1号附近）	2000	7人制
钟落潭镇	长腰岭村荆隆八巷足球场（长腰岭村卫生站西）（备选）	3000	7人制
太和镇	头陂村十七社足球场（头陂村卫生站附近）（备选）	700	5人制

（2）规划落实情况

白云区现状足球场配置情况良好，建设空间也较为充足，在政府主导和支持下，借助于社会力量在社区中建设了多处足球场，基本完成了分区指标要求，全区最终共建设10个社区小型足球场，其中3人制足球场1个、5人制足球场1个、7人制足球场8个，场地面积总计2.97hm²（表7-21、图7-32）。

白云区最终建设社区小型足球场情况一览表　　　　　　表7-21

编码	街镇名	名称	地址	面积(m²)	建议形制
BY01	石门街道	石门街鸦岗社区足球场	石台大道与石台新路交叉口	3888	7人制
BY02	石门街道	石门街鸦岗社区足球场	石台大道与石台新路交叉口	3888	7人制
BY03	白云湖街道	环滘公园足球场	环滘大街1号	2600	7人制
BY04	鹤龙街道	联边文体公园足球场	鹤龙街启德路5号	3200	5人制
BY05	钟落潭镇	马洞村社区足球场	马洞村七社	2000	7人制
BY06	太和镇	石湖村社区足球场	太和镇石湖村前路1号	500	3人制
BY07	松洲街道	松洲街槎龙聚龙足球场	槎龙村聚龙大道自编号3号	3000	7人制
BY08	松洲街道	松洲街槎龙聚龙足球场	槎龙村聚龙大道自编号3号	5300	7人制
BY09	均禾街道	均禾街石马社区足球场	石均禾街石马村河边街8号	2850	7人制
BY10	松洲街道	富力桃园社区足球场	富力桃园小区内	2500	7人制

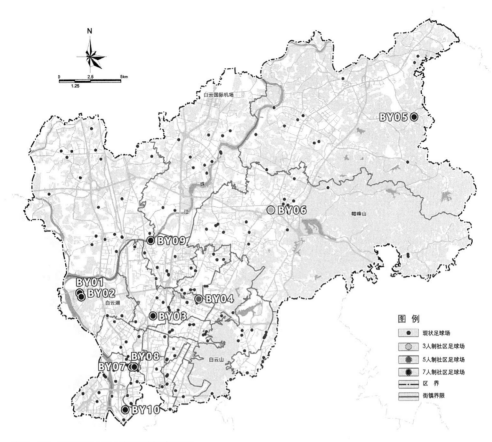

图7-32　白云区社区小型足球场布局图

7.5.6　黄埔区

（1）规划布局

　　黄埔区位于广州市东部，总面积90.95km²，占全市总面积的1.22%，下辖9个街道；2013年常住人口46.67万人，占全市总人口的3.61%，人口密度0.51万人/km²。截至2013年底，现有足球场35个，万人指标0.75个/万人，高于0.7个/万人的国家相关建设标准，与0.76个/万人的全市平均指标基本持平；属于需求迫切程度及建设难度均相对较低的区域，设定分区建设指标为8个。

　　按照分区建设指标要求，黄埔区选址社区小型足球场10个，其中3人制足球场3个、5人制足球场6个、7人制足球场1个，其中2个为备选足球场（表7-22）。

黄埔区社区小型足球场规划一览表　　　　　　　　　　　　　　表7-22

街镇名	名称（地址）	面积（m²）	建议形制
穗东街道	南湾社区南湾体育广场足球场（南湾西街南段）	700	5人制
穗东街道	庙头社区足球场（清河南路）	800	5人制

街镇名	名称（地址）	面积（m²）	建议形制
穗东街道	夏园社区夏园体育公园足球场	3366	7人制
穗东街道	庙头社区足球场（东华路）	800	5人制
长洲街道	长洲社区足球场（街道办事处旁）	480	3人制
长洲街道	长洲社区中山公园足球场（金洲北路与馆南路交汇处附近）	630	5人制
大沙街道	姬堂社区姬堂公园足球场（姬堂小学西侧）	600	5人制
黄埔街道	黄埔公园足球场（公园东路中段）	360	3人制
黄埔街道	黄埔公园足球场（公园东路中段）（备选）	360	3人制
黄埔街道	悦涛雅苑公园广场足球场（丰乐南路88大院22东侧）（备选）	630	5人制

（2）规划落实情况

黄埔区足球场万人指标在广州市处于中等水平，建设空间也较为充足，但黄埔区人口分布较为稀疏，且工业厂区较多，因此需重点结合社区和厂区分布建设小型足球场。在政府主导和支持下，借助于社会力量在社区和体育公园中建设了多处足球场，超额完成了分区指标要求，全区最终共建设10个社区小型足球场，其中3人制足球场1个、5人制足球场5个、7人制足球场4个，场地面积总计1.51hm²（表7-23、图7-33）。

黄埔区最终建设社区小型足球场情况一览表　　　　　　表7-23

编码	街镇名	名称	地址	面积（m²）	建议形制
HP01	穗东街道	穗东街庙头社区足球场	清河南路庙头社区体育公园	600	5人制
HP02	穗东街道	穗东街庙头社区足球场	龙头山东华路19号	800	5人制
HP03	穗东街道	穗东街南湾社区足球场	南湾社区西城大街体育公园	600	5人制
HP04	穗东街道	夏园足球场	穗东街夏园路97号	3300	7人制
HP05	长洲街道	长洲社区足球场	金洲北路567号	560	3人制
HP06	长洲街道	中山公园社区足球场	长洲岛金洲北路575号	1500	5人制
HP07	大沙街道	姬堂公园社区足球场	大沙街姬堂公园	1100	5人制
HP08	红山街道	红山体育场	红山街红山三路文船生活区	1900	7人制
HP09	鱼珠街道	茅岗社区足球场	茅岗路828号	2220	7人制
HP10	长洲街道	长洲社区足球场	长洲社区蝴蝶岗金蝶路12号	2500	7人制

图7-33　黄埔区社区小型足球场布局图

7.5.7　萝岗区

（1）规划布局

萝岗区由广州开发区转型升级而来，位于广州市东部，面积为393.22km²，占全市总面积的5.29%，下辖夏港街、萝岗街、东区街、联和街、永和街和九龙镇；2013年常住人口39.61万人，占全市总人口的3.06%，是全市人口最少的区，人口密度仅0.10万人/km²。截至2013年底，现有足球场36个，万人指标0.91个/万人，高于0.7个/万人的国家相关建设标准及0.76个/万人的全市平均指标；属于需求迫切程度及建设难度均相对较低的区域，综合考虑其人口规模、未来发展及所处区位，设定分区建设指标为6个。

按照分区建设指标要求，萝岗区选址社区小型足球场7个，其中5人制足球场3个、7人制足球场4个，其中1个为备选足球场（表7-24）。

萝岗区社区小型足球场规划一览表　　　　　　　　　　表7-24

街镇名	名称（地址）	面积（m²）	建议形制
东区街道	体育生态公园足球场（云骏路2号对面）	3150	7人制
东区街道	体育生态公园足球场（云骏路2号对面）	3150	7人制

街镇名	名称（地址）	面积（m²）	建议形制
九龙镇	镇龙村上境社足球场（近九龙家庭综合服务中心）	968	5人制
永和街道	禾丰社区足球场（禾丰社区内禾丰环路附近）	375	5人制
联合街道	联合社区足球场（联合社区附近）	3150	7人制
夏港街道	保税区康体园足球场（开发大道422号附近）	1000	5人制
九龙镇	九佛工业园足球场（凤凰一横路侧）（备选）	3150	7人制

（2）规划落实情况

萝岗区人口密度较低，建设空间充足，且工业厂区多，需要充分结合人口集聚程度和厂区人口分布特点来谋划社区小型足球场的建设。根据本次规划布局，在妥善的安排和协调下，基本按照分区指标要求进行建设，全区最终共建设6个社区小型足球场，其中5人制足球场2个、7人制足球场4个，场地面积总计1.37hm²（表7-25、图7-34）。

萝岗区最终建设社区小型足球场情况一览表　　　　表7-25

编码	街镇名	名称	地址	面积（m²）	建议形制
LG01	东区街道	傲胜五星足球俱乐部	云骏路2号对面	3850	7人制
LG02	东区街道	傲胜五星足球俱乐部	云骏路2号对面	3264	7人制
LG03	九龙镇	萝岗九龙镇上境社区足球场	九龙镇镇龙村上境社区	900	5人制
LG04	联和街道	天鹿足球场	天鹿花园北区天鹿二街	2100	7人制
LG05	永和街道	禾丰新村社区足球场	永和街禾丰新村足球场	900	5人制
LG06	九龙镇	佛塱社区足球场	佛塱社区佛秋路2号	2700	7人制

7.5.8　番禺区

（1）规划布局

番禺区地处广州市中南部，下辖10个街道、6个镇，总面积529.94km²，占全市面积的7.13%；2013年常住人口144.86万人，占全市总人口的11.21%；从分布情况看，人口主要集中在市桥街道、小谷围街道、大石街道、南村镇、钟村街道和大龙街道等中部区域，占全区人口的54.91%，面积仅占27.94%。截至2013年底，现有足球场248个，万人指标1.71个/万人，远高于0.7个/万人的国家相关建设标准及0.76个/万人的全市平均指标；属于需求迫切程度相对较低、建设难度中等的区域，综合考虑其人口规模及所处区位，设定分区建设指标为6个。

按照分区建设指标要求，番禺区选址社区小型足球场7个，其中3人制足球场4个、5人制足球场2个、7人制足球场1个，其中1个为备选足球场（表7-26）。

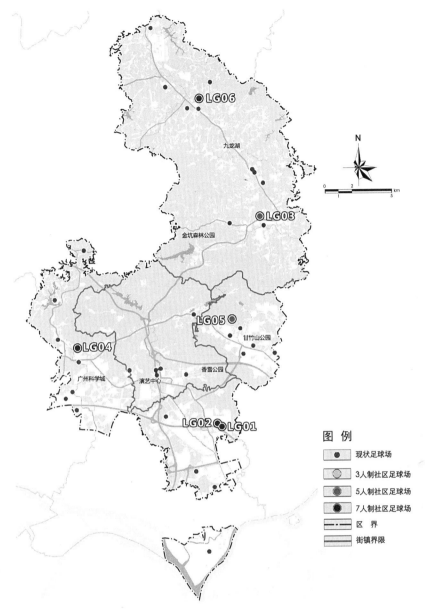

图7-34　原萝岗区社区小型足球场布局图

番禺区社区小型足球场规划一览表　　表7-26

街镇名	名称（地址）	面积（m²）	建议形制
沙湾镇	沙湾大道沙湾公园足球场（沙湾镇政府旁）	416	3人制
钟村街道	钟村街文化广场足球场（钟屏岔道旁）	416	3人制
钟村街道	钟村街文化广场足球场（钟屏岔道旁）	782	5人制
石碁镇	石碁文化广场足球场（岐山中路）	300	3人制

街镇名	名称（地址）	面积（m²）	建议形制
石碁镇	石碁文化广场足球场（岐山中路）	300	3人制
钟村街道	钟村街文化广场足球场（钟屏岔道旁）	700	5人制
石楼镇	亚运城沙滩排球场足球场（亚运城乐羊羊路）（备选）	3150	7人制

（2）规划落实情况

番禺区现状足球场配置情况较好，数量和万人指标均是全市最高，建设空间也相对充足。基于现状的良好条件和氛围，番禺区多措并举，超额完成了分区指标要求，全区共建设7个社区小型足球场，其中3人制足球场4个、5人制足球场2个、7人制足球场1个，场地面积总计0.75hm²（表7-27、图7-35）。

番禺区最终建设社区小型足球场情况一览表 表7-27

编码	街镇名	名称	地址	面积（m²）	建议形制
PY01	沙湾镇	沙湾镇沙湾公园足球场	沙湾大道沙湾公园	782	3人制
PY02	钟村街道	钟村文化广场足球场	钟村街文化广场	861	5人制
PY03	钟村街道	钟村文化广场足球场	钟村街文化广场	416	3人制
PY04	钟村街道	钟村文化广场足球场	钟村街文化广场	989	5人制
PY05	东环街道	东环街江南社区小型足篮球场	东环路242号	500	3人制
PY06	石楼镇	广州亚运城综合体育场	兴亚大道33号亚运体育馆旁	3485	7人制
PY07	东环街道	东环街江南社区小型足篮球场	东环路242号	500	3人制

7.5.9 花都区

（1）规划布局

花都区位于广州市西北部，东邻从化市，西连佛山市，北接清远市，下辖4个街道、6个镇，总面积970.04km²，占全市总面积的13.05%；2013年常住人口96.48万人，占全市总人口的7.46%。截至2013年底，现有足球场106个，万人指标1.10个/万人，高于0.7个/万人的国家相关建设标准及0.76个/万人的全市平均指标；属于需求迫切程度较高、建设难度相对较低的区域，但综合考虑其未来发展诉求且建设空间相对充足等因素，设定分区建设指标为12个。

按照分区建设指标要求，花都区选址社区小型足球场14个，其中5人制足球场5个、7人制足球场9个，其中2个为备选足球场（表7-28）。

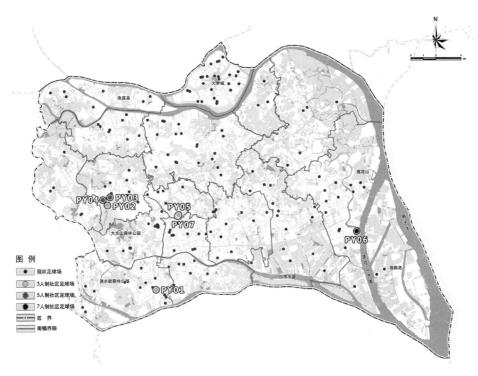

图7-35　番禺区社区小型足球场布局图

花都区社区小型足球场规划一览表　　　　　　表7-28

街镇名	名称（地址）	面积（m²）	建议形制
新华街道	大陵社区足球场（近工业大道）	3000	7人制
新华街道	大陵社区足球场（近工业大道）	3000	7人制
新雅街道	旧村体育活动中心足球场（雅神路自编49号）	1500	5人制
新雅街道	新村文化活动中心足球场（雅瑶中路）	1500	5人制
新雅街道	旧村体育活动中心足球场（雅神路自编49号）	1500	5人制
新雅街道	旧村体育活动中心足球场（雅神路自编49号）	3000	7人制
新华街道	大陵社区足球场（近工业大道）	1500	5人制
花城街道	花卉市场足球场（永发大道与107国道交汇处）	3000	7人制
花城街道	花卉市场足球场（永发大道与107国道交汇处）	3150	7人制
花东镇	李溪村安置区足球场（中花路乐康餐厅东侧）	4000	7人制
炭步镇	737乡道北侧足球场（炭步大桥西侧）	2700	7人制
秀全街道	英翔体育培训基地足球场（公园前路）	3300	7人制
梯面镇	梯面小学旁足球场（梯面工商所北侧）（备选）	2800	7人制
新雅街道	广花一级公路旁足球场（岑境村公交车站西侧）（备选）	950	5人制

（2）规划落实情况

虽然花都区现状足球场建设水平位于广州市前列，但花都区的建设意愿仍比较强烈，土地资源也相对充裕。因此，在政府主导和支持下，借助于社会力量在社区、公园、村庄中建设了多处足球场，完成了分区指标要求，全区共建设12个社区小型足球场，其中5人制足球场4个、7人制足球场8个，场地面积总计3.15hm²（表7-29、图7-36）。

花都区最终建设社区小型足球场情况一览表　　　　　表7-29

编码	街镇名	名称	地址	面积（m²）	建议形制
HD01	花城街道	脉腾体育足球主题文化公园	芙蓉大道中南七路	3000	7人制
HD02	花城街道	脉腾体育足球主题文化公园	芙蓉大道中南七路	3000	7人制
HD03	花城街道	脉腾体育足球主题文化公园	芙蓉大道中南七路	3000	7人制
HD04	花城街道	脉腾体育足球主题文化公园	芙蓉大道中南七路	1800	5人制
HD05	花山镇	运展足球场	三东大道东267号	1100	5人制
HD06	花山镇	运展足球场	三东大道东267号	1100	5人制
HD07	花山镇	运展足球场	三东大道东267号	3300	7人制
HD08	花山镇	运展足球场	三东大道东267号	3300	7人制
HD09	花城街道	花都金冠足球场	三东大道西	3325	7人制
HD10	花城街道	花都金冠足球场	三东大道西	3325	7人制
HD11	新雅街道	旧村雅星足球场	雅神路北边-自编49号	1200	5人制
HD12	花山镇	花都绿茵社区足球场	花山镇华南路龙口工业区15号	4000	7人制

7.5.10 南沙区

（1）规划布局

南沙区是国家级新区，位于广州市最南端，地处珠江三角洲的地理几何中心，下辖3个街道、6个镇，总面积783.86km²，占全市总面积的10.54%；2013年常住人口62.51万人，占全市总人口的4.84%，主要集中在南沙街道、东涌镇、大岗镇、榄核镇。和广州市中心城区相比，南沙区行政区面积大，人口密度低，分布稀疏，聚落形态以乡村集镇为主。截至2013年底，现有足球场30个，万人指标0.48个/万人，远低于0.7个/万人的国家相关建设标准及0.76个/万人的全市平均指标；属于需求迫切程度中等、建设难度相对较低的区域，综合考虑其人口分布及所处区位，设定分区建设指标为6个。

按照分区建设指标要求，南沙区选址社区小型足球场7个，其中3人制足球场1个、5人制足球场3个、7人制足球场3个，其中1个为备选足球场（表7-30）。

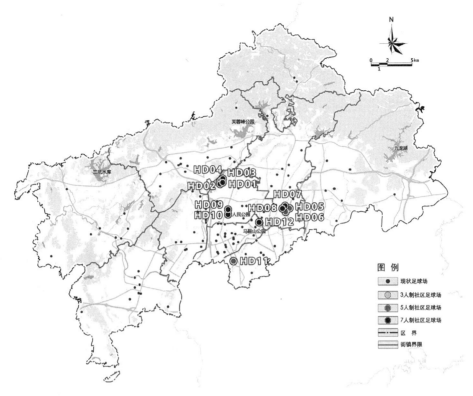

图7-36　花都区社区小型足球场布局图

南沙区社区小型足球场规划一览表　　　　　　　　　表7-30

街镇名	名称（地址）	面积（m²）	建议形制
东涌镇	鱼窝头体育文化广场足球场（鱼窝头大道鱼窝头派出所旁）	1050	5人制
黄阁镇	黄阁体育公园足球场（黄阁大道南路）	1050	5人制
大岗镇	大岗游泳场内足球场（大岗镇越山路）	1200	7人制
黄阁镇	南沙体育中心足球场（建设一路与凤亭大道交汇处附近）	1350	7人制
黄阁镇	南沙体育中心足球场（建设一路与凤亭大道交汇处附近）	1350	7人制
东涌镇	东涌镇官坦社区足球场（兴业路富强小学旁）	528	3人制
南沙街道	滨海公园足球场（滨海大道岭南花园度假酒店附近）（备选）	1000	5人制

（2）规划落实情况

南沙区人口较少，可建设空间较大，同时现状足球场指标不高。在具体规划落实中，充分考虑街镇、社区、村庄的建设意愿，并适当引入社会力量，超额完成了分区指标要求，全区共建设8个社区小型足球场，其中5人制足球场3个、7人制足球场5个，场地面积总计1.32hm²（表7-31、图7-37）。

南沙区最终建设社区小型足球场情况一览表 表7-31

编码	街镇名	名称	地址	面积(m²)	建议形制
NS01	东涌镇	鱼窝头体育文化广场足球场	东涌镇鱼窝头体育文化广场	1000	5人制
NS02	黄阁镇	黄阁镇体育公园足球场	黄阁大道南路黄阁体育公园内	1200	5人制
NS03	大岗镇	南沙区大岗镇社区足球场	大岗镇越山路大岗泳场内	2100	7人制
NS04	南沙街道	南沙街大涌村社区足球场	南沙街大涌金岭南路364号旁边	2102	7人制
NS05	榄核镇	榄核镇社区足球场	榄核镇人绿路163号	2000	7人制
NS06	珠江街道	西新社区足球场	珠江街西新中心体育水泥篮球场旁	1372	7人制
NS07	东涌镇	东涌官坦五人足球场	东涌镇官坦村兴业路1号	900	5人制
NS08	东涌镇	地志豪足球场	东涌镇市南公路358号	2500	7人制

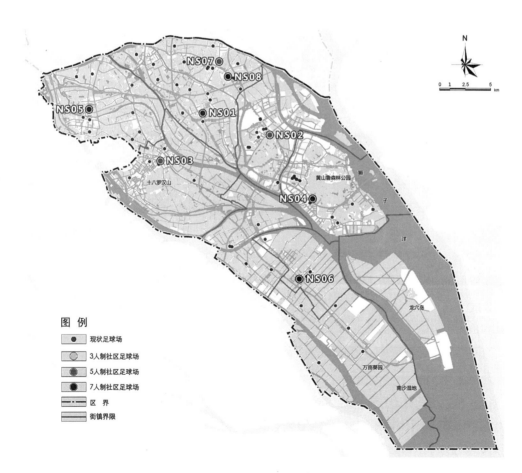

图7-37 南沙区社区小型足球场布局图

7.5.11 增城市

（1）规划布局

增城市位于广州市最东部，与东莞市、惠州市接壤，下辖4个街道、7个镇，总面积1616.47km²，占全市总面积的21.74%；2013年常住人口105.18万人，占全市常住人口的8.14%，人口密度仅0.07万人/km²。截至2013年底，现有足球场82个，万人指标0.78个/万人，略高于0.7个/万人的国家相关建设标准及0.76个/万人的全市平均指标；属于需求迫切程度及建设难度均相对较低的区域，设定分区建设指标为8个。

按照分区建设指标要求，增城市选址社区小型足球场10个，其中3人制足球场5个、5人制足球场1个、7人制足球场4个，其中2个为备选足球场（表7-32）。

增城市社区小型足球场规划一览表　　　　　　　　　　　　　表7-32

街镇名	名称（地址）	面积（m²）	建议形制
永宁街道	翟洞村樟山吓社足球场（永安大道旁）	500	3人制
永宁街道	章陂村四五社足球场（章陂村村委会附近）	500	3人制
石滩镇	土江村足球场（单屋社附近）	500	3人制
中新镇	集丰村足球场（连新社附近）	500	3人制
朱村街道	朱村社区足球场（文明路82号）	2000	7人制
新塘镇	群星乡村学校少年宫足球场	2200	7人制
石滩镇	下围村沙庄公园足球场（沙庄公园西北角）	2400	7人制
正果镇	石溪村足球场（石溪村村委会旁）	750	5人制
仙村镇	沙滘村足球场（村委会前池塘东南角进村路附近）（备选）	2200	7人制
仙村镇	岳湖村足球场（岳湖村小学旁）（备选）	500	3人制

（2）规划落实情况

增城市现状足球场建设水平属于中等偏上，虽然空间资源较为充足，但耕地保护任务较重。此外，增城市农村地区和山地较多，人口分布稀疏。基于上述条件，在多方的共同努力下，增城市仍较好完成了分区指标要求，全区共建设8个社区小型足球场，其中3人制足球场4个、7人制足球场4个，场地面积总计1.53hm²（表7-33、图7-38）。

增城市最终建设社区小型足球场情况一览表　　　　　　　　表7-33

编码	街镇名	名称	地址	面积（m²）	建议形制
ZC01	永宁街	翟洞村樟山吓社足球场	永宁街翟洞村山吓社	416	3人制
ZC02	永宁街	永宁街章陂村四五社足球场	永宁街章陂村四五社	416	3人制

编码	街镇名	名称	地址	面积（m²）	建议形制
ZC03	石滩镇	石滩镇土江村单屋社足球场	石滩镇土江村单屋社	416	3人制
ZC04	朱村街	朱村社区足球场	朱村街文明路82号	1568	7人制
ZC05	派潭镇	大埔社区足球场	大埔村新屋仔合作社	416	3人制
ZC06	荔城街	廖村社区足球场	荔城街相江北路荔江公园附近	4015	7人制
ZC07	荔城街	廖村社区足球场	荔城街相江北路荔江公园附近	3848	7人制
ZC08	荔城街	廖村社区足球场	荔城街相江北路荔江公园附近	4200	7人制

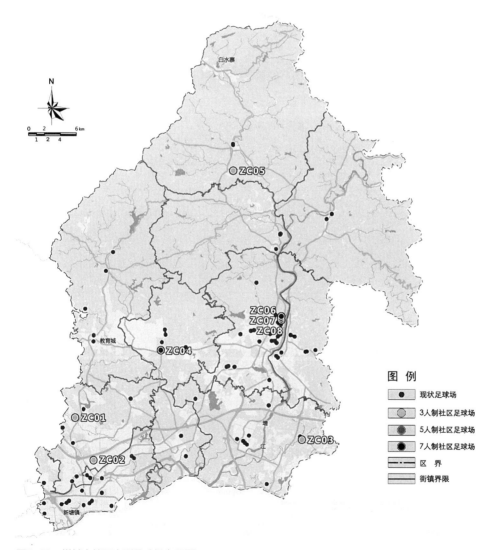

图7-38 增城市社区小型足球场布局图

7.5.12 从化市

（1）规划布局

从化市位于广州市最北部，与惠州市、清远市接壤，下辖3个街道、5个镇，总面积1974.50km²，占全市总面积的26.56%；2013年常住人口61.02万人，占全市总人口的4.72%，人口密度仅0.03万人/km²，是广州市面积最大、人口分布最稀疏的行政区。截至2013年底，现有足球场67个，万人指标1.1个/万人，远高于0.7个/万人的国家相关建设标准及0.76个/万人的全市平均指标；属于需求迫切程度及建设难度均相对较低的区域，综合考虑其人口规模及所处区位，设定分区建设指标为6个。

按照分区建设指标要求，从化市选址社区小型足球场7个，其中3人制足球场1个、5人制足球场4个、7人制足球场2个，其中1个为备选足球场（表7-34）。

从化市社区小型足球场规划一览表　　　　　　　　　表7-34

街镇名	名称（地址）	面积（m²）	建议形制
温泉镇	石南村新围社区足球场（近旧晒谷场）	800	5人制
温泉镇	石海村灌村社区足球场（近旧晒谷场）	800	5人制
鳌头镇	象新村上联社足球场（近榕树头）	550	3人制
鳌头镇	新村村足球场（祠堂旁）	950	5人制
鳌头镇	务丰村足球场（帽子岭附近）	2100	7人制
太平镇	菜地塱村足球场（祠堂水塘对面）	2000	7人制
街口街道	河岛公园足球场（河滨北路）（备选）	1000	5人制

（2）规划落实情况

从化市的基本情况和增城市类似，但现状足球场万人指标明显高于增城市，建设积极性也较高。在本次规划布局基础上，借助于多方力量，超额完成了分区指标要求，全区共建设9个社区小型足球场，其中3人制足球场1个、5人制足球场3个、7人制足球场5个，场地面积总计1.41hm²（表7-35、图7-39）。

从化市最终建设社区小型足球场情况一览表　　　　　　表7-35

编码	街镇名	名称	地址	面积（m²）	建议形制
CH01	温泉镇	温泉新围社区足球场	温泉镇石南村新围村委	800	5人制
CH02	温泉镇	温泉灌村社区足球场	温泉镇石海村	860	5人制
CH03	鳌头镇	鳌头上联社区足球场	鳌头镇象新村	550	3人制
CH04	鳌头镇	新村社区足球场	鳌头镇新村民委员会附近	800	5人制

续表

编码	街镇名	名称	地址	面积（m²）	建议形制
CH05	太平镇	菜地塱社区足球场	菜地塱村村民委员会附近	2400	7人制
CH06	太平镇	井岗社区足球场	太平镇井岗村民委员会附近	2284	7人制
CH07	太平镇	文阁社区足球场	太平镇文阁村旧晒谷场	2050	7人制
CH08	太平镇	银林社区足球场	太平镇银林村民委员会附近	2284	7人制
CH09	温泉镇	龙岗社区足球场	温泉镇龙岗桃园小学附近	2025	7人制

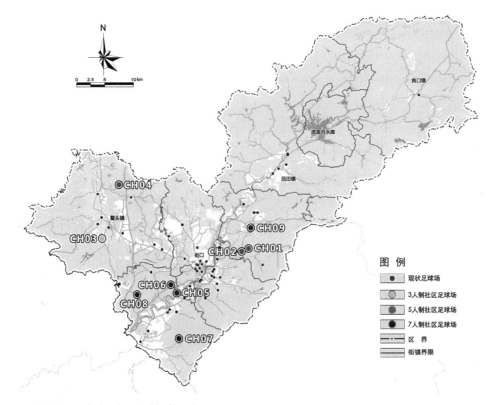

图7-39 从化市社区小型足球场布局图

7.6 示范点规划设计

7.6.1 设计目标

为了营造更优质的社区活动空间，实现以点带面、多元复合的建设理念，并力求形成标准化、示范性的社区体育公园建设模式，本次规划选取了4处具有代表性的场地作为社区体育公园示范点并进行初步的方案设计，为未来的建设提供指引性参考。4处场地分别位于越秀区流花街道流花桥社区、海珠区华洲街道土华社区、白云区白云湖街道环滘公园、南沙区大岗镇大岗社区。

参照《广东省社区体育公园规划建设指引》，社区小型足球场的选址可根据自身条件与周边环境，进一步设置丰富的配套设施和绿化景观，围绕社区小型足球场建设形成社区体育公园。

7.6.2　设计方案

（1）越秀区流花街道流花桥社区体育公园

①基地概况

基地位于广州陆军总医院生活区中部，属越秀区流花街道流花桥社区，用地面积约0.5hm^2。社区内有较多居住人口，但体育设施缺乏，项目的建设将为周边居民提供一个良好的健身锻炼场所。

基地原为废弃的简易工棚和垃圾堆放场所，对周边居住环境有负面影响（图7-40）。经调研，基地权属清晰，权属单位和社区居民有强烈意愿对基地进行改造利用，因此适合进行社区小型足球场及其他体育设施的建设。

图7-40　改造利用前基地照片（流花桥社区体育公园）

图片来源：作者自摄

②设计构思

规划在基地中心设置3人制小型足球场，并以其建设为抓手，推动形成具有足球特色的社区体育公园，创造更优质的社区运动及休闲空间。"融体于绿"的建设方式，更是把运动场地与景观环境有机结合。

本社区体育公园以两个五角星形的广场体现"军民融合主题"，象征军民共建的理念。用矩形和折线作为构图母题，代表着军人做事规规矩矩、有板有眼，面对困难勇往直前、义无反顾（图7-41、图7-42）。

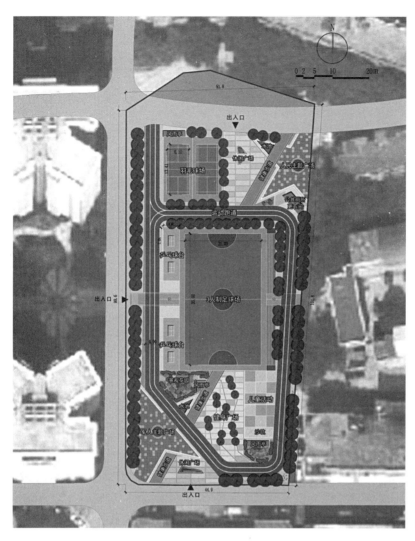

图7-41 规划设计总平面图（流花桥社区体育公园）

图7-42 效果示意图

社区周边配套设施良好，交通方便可达，加上社区体育公园内多样的健身休闲设施，定能成为吸引人们休闲活动的理想场所。

（2）海珠区华洲街道土华社区体育公园

①基地概况

基地位于海珠区华洲街道的土华村中部，用地面积约0.9hm²，周边为居民聚集区，健身运动需求量大。

基地现状为露天泥地简易足球场，周边原有风雨舞台、篮球场、网球场等设施，但由于管理维护不善，设施及场地损坏严重，已不适合开展足球运动，亟待升级改善（图7-43）。

图7-43　改造利用前基地照片（土华社区体育公园）
图片来源：作者自摄

②设计构思

规划借助本次7人制小型足球场建设，一方面着力提升完善原有场地品质，另一方面增加了健身跑道、文化广场、景观绿地、乒乓球台以及运动俱乐部等功能，满足周边居民多样化的健身运动需求。

充分考虑到服务便利性，在居民较为集中的主要方位设置社区体育公园出入口，保证居民采用步行方式能方便地到达该社区体育公园（图7-44、图7-45）。

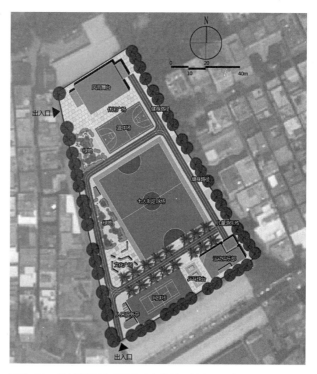

图7-44　规划设计总平面图（土华社区体育公园）

图7-45 效果示意图（土华社区体育公园）

（3）白云区白云湖街道环滘体育公园

①基地概况

基地位于白云区环滘公园内，用地面积约1.6hm²。整个公园绿树成荫，生态环境良好，目前公园东部已建设有两个篮球场和健身路径（图7-46）。

公园周边为大量城中村住宅、工业厂房及部分新建住宅小区，健身运动需求量大，且公园交通方便可达，能够较好地服务周边居民。

图7-46 改造利用前基地照片（环滘体育公园）
图片来源：作者自摄

②设计构思

按照社区体育公园设计，采用动静分区的手法，将环滘公园分为东西两个片区。西片区以静态功能为主，主要通过公园内的休闲步道和凉亭提供居民散步休憩的功能；东片区以动态功能为主，通过设置多样的体育设施，为居民提供健身运动的功能，布置有一个7人制足球场、两个篮球场、一个休

图7-47 规划设计总平面图（环滘体育公园）

憩廊架、一个健身路径及儿童活动区、三张乒乓球桌、一个休憩凉亭以及四个室外羽毛球场。同时，在社区体育公园西侧设置社会停车场，吸引周边更多的居民前来运动及健身（图7-47、图7-48）。

图7-48 效果示意图（环滘体育公园）

（4）南沙区大岗镇大岗社区体育公园

①基地概况

基地位于南沙区大岗镇大岗社区大岗泳场内，地处大岗镇中心位置，用地面积约2.2hm^2，周边环境优美，交通便捷，是附近居民熟悉的社区体育运动场所。现状为平整场地，适合社区小型足球场建设，权属单位也期望通过社区小型足球场建设带动泳场整体品质提升（图7-49）。

图7-49 改造利用前基地照片（大岗社区体育公园）

图片来源：作者自摄

②设计构思

设计新增了7人制小型足球场、羽毛球场、乒乓球台、健身器械、健身步道、踢毽子场、儿童活动设施和配套用房等，并升级原有的游泳池、篮球场，优化场地的景观环境，同时配套休息的长凳椅和凉亭等设施。

通过新增设施与翻新改造，可提升大岗泳场的场地品质，形成设施更完善、环境更优美的大岗社区体育公园，以满足周边居民运动、休闲、娱乐、社交的需求，创造优质的社区活动中心（图7-50、图7-51）。

图7-50　规划设计总平面图（大岗社区体育公园）

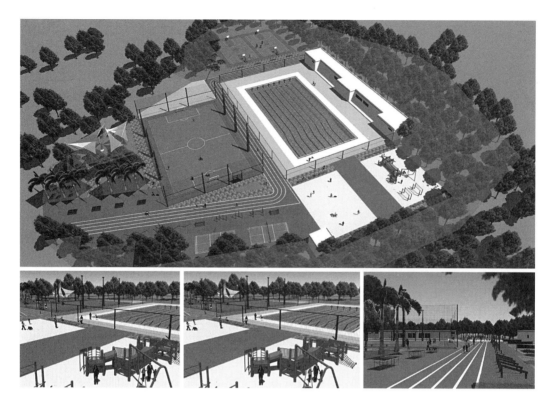

图7-51　效果示意图（大岗社区体育公园）

第8章
建设实践：广州市社区小型足球场建设与管理

8.1 建设成效

2014—2016年，广州市发挥规划的引领和指导作用，从场地建设到使用运营，将社区小型足球场的布局规划落到实处。在广州市体育局的统筹下，在相关部门的配合下，由各区具体负责建设实施，克服了过程中的诸多困难和问题，在周期内按照布局规划完成了建设100个社区小型足球场的任务。

根据第六次全国体育场地普查，2013年底，广州市对外开放的小型足球场数量为193个，场地面积为33.41hm²。新建成的100个小型足球场，3人制足球场17个，5人制足球场29个，7人制足球场54个，场地面积总计19.13hm²（表8-1、图8-1）。这使广州市对外开放的小型足球场数量增至293个，场地总面积增至52.54hm²，较2013年分别有51.81%和57.26%的增长率。其中，2014年建成40个，2015年建成34个，2016年建成26个。

为规范社区小型足球场的使用及管理，通过制定《广州市社区小型足球场规划建设和使用管理暂行办法》《广州市社区小型足球场视觉识别系统及应用示范》等一系列行之有效的管理制度，保障建成后的球场得以健康可持续地运作，实现综合使用效能最大化。

投入使用以来，这些社区小型足球场受到周边居民的热烈欢迎，为未来更长时期的社区体育设施建设起到了良好的示范带动作用。在总结经验的基础上，2017—2018年广州市开启第二轮足球场规划建设工作，市发展改革委、市教育局、市体育局、市住建委、市足协联合制定了《广州市足球场地设施规划建设实施方案（2017—2020年）》。

现对部分社区小型足球场建成情况介绍如下①。

---

① 资料来源：作者根据广州体育局编印的《广州市社区小型足球场建设实施情况总结报告》（2016年12月）进行整理，照片为作者自摄。

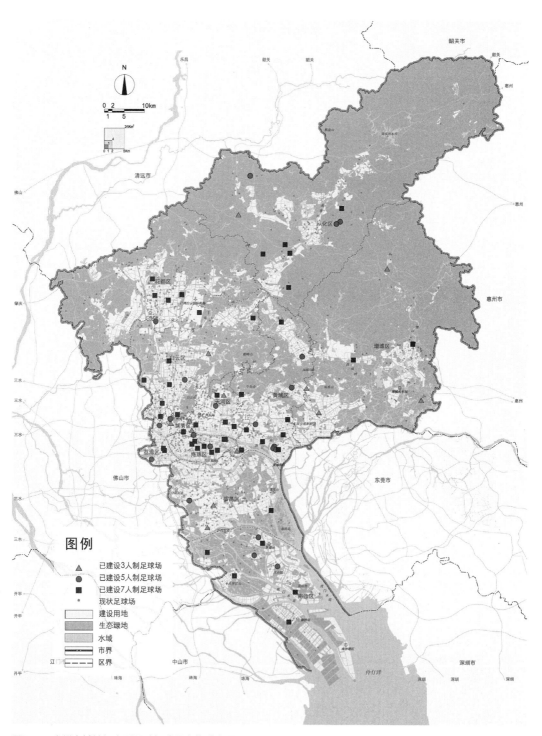

图8-1　广州市域社区小型足球场建设实施分布图

广州市域社区小型足球场建设实施情况一览表　　　　表8-1

区名	3人制足球场（个）	5人制足球场（个）	7人制足球场（个）	数量合计（个）	场地面积（hm²）
越秀区	3	2	2	7	0.71
海珠区	0	3	7	10	2.16
荔湾区	1	2	2	5	0.78
天河区	2	2	4	8	1.47
白云区	1	1	8	10	2.97
黄埔区	1	5	4	10	1.51
萝岗区	0	2	4	6	1.37
花都区	0	4	8	12	3.15
番禺区	4	2	1	7	0.75
南沙区	0	3	5	8	1.32
从化市	1	3	5	9	1.41
增城市	4	0	4	8	1.53
合计	17	29	54	100	19.13

流花桥社区足球场

【地址】流花路111号

【区属】越秀区　　　　　　　【场地类型】5人制

【面积】1105m²　　　　　　　【建设年份】2015年

场地位于流花街道陆军总医院社区内，属于军民共建体育设施的成功案例。场地原为社区内的建筑垃圾杂物堆放地，经过建设后，成为具有足球场、乒乓球台、健身跑道及健身器械等多功能于一体的综合性社区体育公园

场地建设前后对比

建设前

建设后

赤岗街客村社区足球场

【地址】广州大道南702-706号

【区属】海珠区　　　　　　【场地类型】7人制

【面积】2400m²　　　　　　【建设年份】2014年

原为坑洼不平的沙土场地，位于客村内，周边服务居民数量大，球场建设可以有效缓解周边运动场地不足的现象。球场建成后由村委进行管理，保证了后续的使用维护

场地建设前后对比

建设前

建设后

土华社区足球场

【地址】华洲路185号

【区属】海珠区　　　　　　【场地类型】7人制

【面积】2700m²　　　　　　【建设年份】2014年

球场结合原土华村活动场地进行修整改造，不但建有小型足球场，还有篮球场、健身小广场等体育设施，形成了功能多样的综合性社区运动休闲场地

场地建设前后对比

建设前

建设后

江海街新安社区足球场

【地址】紫苑路新村运动场

【区属】海珠区　　　　　　　【场地类型】7人制

【面积】2930m²　　　　　　　【建设年份】2014年

场地位于新安社区内，周边服务居民数量大，球场建设可以有效缓解周边运动场地不足的现象，与周边体育设施形成社区体育健身场地

场地建设前后对比

拾号体育公园

【地址】新港东路琶洲东村新马路自编18号

【区属】海珠区　　　　　　　【场地类型】5人制

【面积】1092m²　　　　　　　【建设年份】2014年

利用荒废的堆场用地建设小型足球场，不但为周边居民提供了活动场地，还改善了环境，起到了很好的示范带动作用

场地建设前后对比

沙湾镇沙湾公园足球场

【地址】沙湾大道沙湾公园

【区属】番禺区 　　　　　【场地类型】3人制

【面积】782m² 　　　　　【建设年份】2014年

场地位于沙湾文化广场内，周边服务居民数量大，球场建设可以有效缓解周边运动场地不足的现象。该场地结合篮球场建设，形成了多功能的运动场地

场地建设前后对比

建设前

建设后

钟村文化广场足球场

【地址】旧150国道与钟屏岔道交界处

【区属】番禺区 　　　　　【场地类型】5人制

【面积】989m² 　　　　　【建设年份】2014年

球场结合钟村街文化广场进行建设，广场内不但建有小型足球场，还有篮球场、健身小广场等体育设施，形成了功能多样的社区运动休闲场地

场地建设前后对比

建设前

建设后

傲胜五星足球俱乐部

【地址】云骏路广州松兴电气股份有限公司对面

【区属】原萝岗区　　　　　　　【场地类型】7人制

【面积】3850m²　　　　　　　【建设年份】2015年

场地位于云埔工业区内，在原生态体育公园的场地基础上改造升级为社区小型足球场，与周边篮球场、健身器材等体育设施构成了社区活动中心，满足了周边工人及居民的文体生活需求

场地建设前后对比

建设前　　　　　　　　　　建设后

九龙镇上境社区足球场

【地址】九龙镇镇龙村上境社区

【区属】原萝岗区　　　　　　　【场地类型】5人制

【面积】900m²　　　　　　　【建设年份】2014年

场地位于九龙镇镇龙村上境社区，利用社区荒地建设社区足球场，同步修缮升级社区篮球场，形成了社区居民的综合文体公共活动空间

场地建设前后对比

建设前　　　　　　　　　　建设后

夏园足球场

【地址】夏园横富街南一巷38号

【区属】黄埔区　　　　　　　【场地类型】7人制

【面积】3300m²　　　　　　　【建设年份】2014年

球场结合东街夏园体育公园足球场进行升级建设，服务该区周边大量居民，形成了功能多样的社区运动休闲场地

场地建设前后对比

建设前

建设后

穗东街庙头社区足球场

【地址】穗东街龙头山东华路19号

【区属】黄埔区　　　　　　　【场地类型】5人制

【面积】800m²　　　　　　　 【建设年份】2014年

球场位于穗东街庙头社区一处社区荒地，新建足球场服务了该片区大量居民，解决社区运动休闲场地不足的问题

场地建设前后对比

建设前

建设后

柯木塱银排岭公园足球场

【地址】银排岭公园内

【区属】天河区　　　　　　【场地类型】3人制

【面积】500m^2　　　　　【建设年份】2014年

场地东侧为村民聚集区及学校，运动场地的需求量很大。本次场地的建设有效缓解了周边场地数量不足的问题，满足了周边居民体育锻炼的需求

场地建设前后对比

长兴街兴科社区足球场

【地址】兴科路368号大院内

【区属】天河区　　　　　　【场地类型】5人制

【面积】1500m^2　　　　　【建设年份】2014年

场地位于中科院化学所内，周边区域内仅有一处篮球场，体育设施较为缺乏。球场建设在美化小区环境的同时，也为区内居民提供了一个优质的足球场

场地建设前后对比

155

鱼窝头体育文化广场足球场

【地址】鱼窝头大道鱼窝头文化体育广场内

【区属】南沙区　　　　　　【场地类型】5人制

【面积】1000m²　　　　　　【建设年份】2014年

位于东涌镇鱼窝头文化体育广场内，原来是三个羽毛球场，改造后，合理化建设为一个5人制足球场和三个丙烯酸羽毛球场

场地建设前后对比

西新社区足球场

【地址】珠江街道中心体育场水泥篮球场旁

【区属】南沙区　　　　　　【场地类型】7人制

【面积】1372m²　　　　　　【建设年份】2016年

位于南沙区珠江街道西新社区内，场地原为社区内建筑垃圾杂物堆放地，经过建设后，成为社区小型足球场，跟中心体育场相匹配，形成具有篮球、乒乓球、羽毛球、足球、健身路径等多功能于一体的综合性体育场地，为群众提供更优质、便利、功能全面的健身场所

场地建设前后对比

地志豪足球场

【地址】东涌镇市南公路358号

【区属】南沙区　　　　　　　　【场地类型】7人制

【面积】2500m²　　　　　　　　【建设年份】2016年

原为道路边角废弃地，场地内杂草丛生，树木多年未修辑，属于升级改造的球场，经改造后建成一个7人制足球场

场地建设前后对比

建设前

建设后

东涌官坦社区足球场

【地址】官坦村兴业路1号

【区属】南沙区　　　　　　　　【场地类型】5人制

【面积】900m²　　　　　　　　【建设年份】2016年

位于官坦村新村内，场地原来是村里的一块闲置地，长期堆放杂物和建筑废料，经过建设后，成为村里的一个小型5人制足球场

场地建设前后对比

建设前

建设后

永宁街翟洞村樟山吓社足球场

【地址】永宁街翟洞村山吓社

【区属】增城市　　　　　　　【场地类型】3人制

【面积】416m²　　　　　　　【建设年份】2014年

结合翟洞村村委旁闲置空地建设，有利于服务周边村民，同时场地周边自然环境良好，足球场建设有利于改善村容村貌

场地建设前后对比

建设前

建设后

永宁街章陂村四五社足球场

【地址】永宁街章陂村四五社

【区属】增城市　　　　　　　【场地类型】3人制

【面积】416m²　　　　　　　【建设年份】2014年

利用章陂村空地建设，临近村民住宅，便于周边群众使用

场地建设前后对比

建设前

建设后

温泉新围社区足球场

【地址】从化市温泉镇石南村新围社

【区属】从化市　　　　　　　【场地类型】5人制

【面积】800m^2　　　　　　【建设年份】2014年

结合石南村闲置空地建设，有利于服务周边村民，同时场地周边自然环境良好，足球场建设有利于改善村容村貌

场地建设前后对比

温泉灌村社区足球场

【地址】从化市温泉镇石海村灌村社

【区属】从化市　　　　　　　【场地类型】5人制

【面积】860m^2　　　　　　【建设年份】2014年

利用石海村破旧篮球场建设，临近村民住宅，便于周边群众使用

场地建设前后对比

8.2　建设要求

广州市在建设社区小型足球场的前期，按照国家相关标准对承建资格要求、场地平整度、建设材质、施工流程等方面提出了一系列建设要求，以保证所有建设的球场能够在形式、质量上达到统一的标准。

（1）承建资格要求

对于承建社区小型足球场的单位，广州市统一明确其相关资格要求。一方面，承建单位应具有类似建设工程的经验。另一方面，应具备建设行政主管部门核发的合格有效的体育场地设施工程施工专业承包三级及以上资质和《施工企业安全生产许可证》。

投标人拟担任球场建设招标项目的项目经理，应具备合格有效的二级（或以上）建筑工程专业建造师注册证书（或建造师临时执业证书），并具备《建筑施工企业管理人员安全生产考核合格证书（B证）》。

（2）地面、基础及草坪的建设要求

场地须平整、自然，应当装有完整的排水系统，以免因大雨而影响场地使用；场地地面应是龟背形倾斜，根据广州市降水量偏多的气候特点，场地的排水坡度不得少于0.7%。

地面的水泥基础要求表面均匀坚实，无裂缝无烂边，接缝平直光滑，以6000mm×6000mm左右切块为好。垫层压实，密实度大于96%，在中型碾压机压过后，无显著轮迹、浮土松散、波浪等现象；建议采用经济实惠的C25型水泥混凝土，厚度180~200mm；采用新加厚隔水薄膜作为隔水层，搭接处应大于200mm，边沿余量大于150mm。

人造草坪由人造草合成材料制成，要求场地平整、松软，并且有一定的厚度。人造草质量要求须符合《体育用人造草》GBT 20394—2006中技术要求对规格尺寸及偏差、外观、物理机械性能、渗水性、阻燃性、摩擦系数、环保要求、耐酸性能、耐碱性能、耐有机物性能、草丝回弹性能、草丝磨损量、耐老化性能等的各项要求。

（3）围网与灯光设备要求

场地围网高度应在4m以上，有特殊建设情况限制的原则不低于3.5m。产品规格要求为：包塑丝径3.8mm；网孔50mm×50mm；立柱直径60/2.5mm钢管；横柱直径48/2mm；均以钢管焊接方式进行连接；采用"防锈底漆+高级金属漆"的防锈措施；体育场护栏网色彩鲜亮，抗老化，耐腐蚀，规格齐全，网面平整，强力张紧，不易受外力撞击变形。

考虑到场地的运动在白天和晚上都可以进行。晚间需要灯光照明，要求光线充足，能清晰看出球的运行方向和轨迹。照明要求均匀，灯光设备的安置不要妨碍运动员的视觉；足球场照明光源可采用金属卤化物灯、高压钠灯和卤钨灯，光源的选择由每年使用的时间、工程初次投资和维护成本决定，比赛场地内平均水平照度值为50～150lux。

（4）竣工验收要求

制定竣工验收标准，对建成的球场从场地外观、草坪情况以及各点位线距离精确度等方面进行符合性验收（表8-2）。具体验收工作由各区负责，同时建设、监理、施工、勘察、设计单位，均应提供相应的证明材料，并在竣工报告中签字确认（图8-2）。各区出具的竣工验收证明交由广州市体育局统一备案。

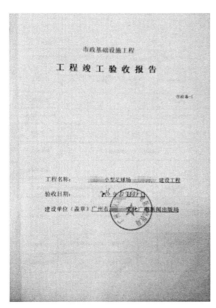

图8-2　广州市社区小型足球场竣工验收报告示例

资料来源：广州市体育局编印的《广州市社区小型足球场建设实施情况总结报告》（2016年12月）

广州市社区小型足球场验收标准一览表 表8-2

验收项目	序号	验收对象	验收标准
场地外观	1	草坪颜色	颜色一致，各种功能线颜色均匀一致、鲜艳、无色差
	2	各种功能线、点位线	宽度尺寸及定位准确，功能区大小符合标准
	3	草坪接缝	草坪接缝之间无明显间隙，粘结紧凑不开胶
	4	场地地面	不允许出现任何诸如起拱、裂隙或脱胶等现象
	5	场地平整度	填注的砂和橡胶表面洁净，充注饱满，无明显高低差，场地平整度误差范围不得超过3m直尺1cm
填充物厚度及平整度	6	草毛与橡胶颗粒	根据草茎的实际长短决定，草毛大约比橡胶颗粒高出约5mm
	7	人造草的机床	验收以平整度为主，原则上应控制在3m直尺5mm的误差范围
各点位线距离精确度	8	各种功能线、点位线	符合设计图纸要求，公差在规定范围内
	9	各种功能线、点位线	标记颜色和尺寸均要符合国际足联规则的要求，误差不得超过2cm

资料来源：作者根据广州市体育局编印的《广州市社区小型足球场建设实施情况总结报告》（2016年12月）进行整理

8.3 资金来源

在建设资金来源方面，广州市积极响应《国务院关于加快发展体育产业促进体育消费的若干意见》（国发〔2014〕46号）提出的"培育多元主体，鼓励社会力量参与"的总体要求。

一方面，实行"政府主导，属地管理"，以鼓励社会力量出资建设社区小型足球场。政府明确出资方式，包括独立出资、部分出资或与政府共同出资等，由所在区体育行政部门、业主单位与社会企业、其他组织，通过合同、委托等方式，按出资比例和用地权属情况，明确各方的权利和义务，实现政府购买服务的目的。

另一方面，通过完善政策措施，提升足球场建设对社会资本的吸引力。早在2013年，广州市就颁布了《广州市体育设施向社会开放管理办法》（穗府办〔2013〕45号），当中明确"各级政府应采取向社会购买服务或对开放单位给予经费补贴等方式扶持体育设施向社会开放工作；各级财政应从本级体育彩票公益金中安排专项资金对体育设施向社会开放工作予以支持"。为此，按照上述办法及相关政策规定施行惠民开放所需的运行成本，由所在区政府以购买服务的方式解决经费，确保社区小型足球场的公益开放能够按照财税部门有关规定享受税费相应优惠政策。

除了社会资金的投入，广州市体育局安排财政专项资金用于社区小型足球场的建设，提供资金保障①。据不完全统计，2014年到2016年期间，市、区财政在社区小型足球场建设与管理运营方面共投入4600多万元，其中首期共投入760万元用于改建、新建了30个社区小型足球场。社区小型足球场的建设、运行、维修经费列入同级财政预算安排，市可以在本级体育彩票公益金中对各区社区小型足球场的建设和维修等一次性项目予以适当补助。据悉，在2015年，广州市体育局安排市级财政专项资金预算达到28000万元，该专项资金来源于体育彩票公益金，其中有3000多万元作为全市全民健身设施建设的补助费用，主要用于街镇"一站两点"、社区小型足球场、社区体育公园等建设工作。

社区足球场参考造价见表8-3。

社区足球场参考造价一览表　　　　　　表8-3

形制及面积（m²） 造价（元）	3人制	5人制	7人制	11人制	备注
	350~920	510~1300	1900~5900	4900~12100	根据球场形制和相关规定，计算出球场面积范围区间
基础 （元/m²）	60~150	21000~138000	30600~195000	114000~885000	294000~1815000	基础厚度和施工不同，价钱有差别，也需根据场地的现场实际情况判断。基础造价为市场上常用的价格区间
人造草 （元/m²）	80~150	28000~138000	40800~195000	152000~885000	392000~1815000	人造草的草丝、密度、厚度等不一样，价钱差别很大，最低可以到20元/m²，建议按照市场上比较常用的人造草造价进行估算，单价在80元/m²以上
围网 （元/m²）	100~150	35000~138000	51000~195000	190000~885000	490000~1815000	围网的高度、材质，围网网眼大小、结构杆不同，造价也不同，建议采用市场上比较常用的造价进行计算，面积暂按照球场面积进行估算
灯光 （元/盏）	1000~3000	4000~12000	6000~18000	8000~24000	10000~30000	灯光的光源不同，照明度不同价钱差别很大，最高的一个场地能达到几十万甚至上百万，建议按普通灯源的灯柱来估算。初步按3人制4盏、5人制6盏、7人制8盏、11人制按10盏计算

---

① 下述数据来源于广州市体育局编印的《广州市社区小型足球场建设实施情况总结报告》（2016年12月）。

续表

形制及面积 （m²）	3人制	5人制	7人制	11人制	备注
造价（元）	350～920	510～1300	1900～5900	4900～12100	根据球场形制和相关规定，计算出球场面积范围区间
合计 （万元）	8.80～ 42.6	12.84～ 60.30	46.40～ 267.9	118.60～ 547.50	按照面积取中间值的原则，各部分造价也按照一般情况进行估算，给出建议价格区间
建议价格区间 （万元）	15～35	30～50	80～220	200～460	

注：①以上价格通过咨询相关专业公司及搜集整理网络资料而来，造价基本选取市场上较为常用的产品价格区间，如选择更好质量的产品和品牌的话，价格也会有很大不同，因此该造价仅作参考。
②如场地需另行平整及开展较大的土方平衡工程，则需根据具体情况另行计费。
③上述价格仅为产品采购及安装价格，未包含土地取得费用、招标代理、勘察及设计费用，以及其他不可预见的费用。

8.4　部门协调

社区小型足球场规划建设和使用管理采取"政府主导、部门协同、上下结合、各司其职"的工作机制，由市、区两级政府统筹领导，具体组织实施工作由各级体育行政部门牵头，会同同级财政、国土、规划、建设、园林等部门和相关街道办事处、镇政府，按照各部门、单位的工作职能、工作分工开展工作（表8-4）。

广州市社区小型足球场建设与管理中的各部门（市级）分工　　　　表8-4

部门	序号	主要职责
市体育局	1	主要负责统筹组织该专项工作实施及日常工作，联系协调政府有关职能部门，牵头编制小型足球场建设布局规划方案
	2	加强与区体育部门以及市、区财政、国土规划、建设、园林，街镇等部门、单位工作衔接
	3	牵头组织有关工作协调会议
	4	按照部门预算管理规定对由市级补助小型足球场的经费编制预算
市财政局	5	主要负责按照部门预算管理的规定审核市体育局编制的小型足球场建设和维修预算，并按规定监督小型足球场经费的使用
市国土规划委	6	主要负责指导和审查小型足球场建设布局规划，重点对城市闲置空地、楼宇房顶、社区边角地、公共绿地等公共用地的性质、产权单位等给予信息支持、帮助
	7	指导、协调各区国土规划部门支持推进相关工作，提供各街镇、社区、物业部门选址信息
市住建委	8	主要协助市体育行政主管部门指导小型足球场建设融入社区休闲园地的建设方案，监督项目建设、工程施工和监理等单位依法建设
	9	协调各区建设主管部门支持推进相关工作

部门	序号	主要职责
市林业和园林局	10	主要负责指导、协调各区园林部门提供城市公园、广场、绿化小游园等公共绿地及绿道沿线等可建设小型足球场的选址信息

资料来源：作者根据《广州市社区小型足球场规划建设和使用管理暂行办法》进行整理

8.5 运营管理

为进一步落实体育惠民，合理布局体育设施，加快推进社区小型足球场规划建设，规范使用管理，根据《公共文化体育设施条例》、《关于加快发展体育产业促进体育消费的若干意见》（国发〔2014〕46号）、《中国足球改革发展总体方案》（国办发〔2015〕11号）、《广州市全民健身条例》和《广州市体育设施向社会开放管理办法》（穗府办〔2013〕45号）等有关规定，结合广州市实际，市体育局、财政局、国土规划委、住建委、林业和园林局联合制定了《广州市社区小型足球场规划建设和使用管理暂行办法》（穗体〔2015〕5号）。

总体来看，广州市注重社区小型足球场规划建设与投入使用后的管理工作制度配套，实现了建管并重的闭环设计，即"规划布局—管理办法—统一标示—收费标准—订场服务"等整套建设与运行管理规范。

（1）管理主体

社区小型足球场按照属地管理的原则，由所在区体育部门、街道办事处、镇政府或用地权属机构等业主单位进行管理，确保建设、移交、管理、使用的有机结合。业主单位建立长效工作机制，落实建成使用的设施设备、绿化、照明等配套设施的维修保养管理，保障供水、供电运行，确保公益性服务设施和公共空间的有效维护与可持续利用。此外，鼓励采取服务外包方式聘请具有资质的专业机构作为管理单位，负责社区小型足球场日常管理与运营，并要求管理单位不得再转包。业主单位负责对管理单位进行指导、监管。

业主单位或管理单位定期对社区小型足球场设施设备进行维护保养，对安全性进行定期检查并及时维修；在开放期间应办理公众责任保险。管理单位未适当履行管理、维护责任，造成他人人身财产损害的，依法承担民事责任。同时，管理单位应建立常态化、制度化的管理机制，有序组织社区居民开展小型多样的群众性体育比赛、活动。

（2）统一标识

为了规范广州市社区小型足球场的使用和管理，形成统一化、标准化的视觉识别系统，增强其建设使用效果，广州市体育局特聘请专业团队设计了一系列社区小型足球场视觉识别系统（VIS），并通过征求意见确定标识的最终方案（图8-3、图8-4）。

图8-3 广州市社区小型足球场视觉识别系统及
应用示范册
资料来源：广州市体育局编印的《广州市社区小
型足球场建设实施情况总结报告》（2016年12月）

图8-4 广州市社区小型足球场视觉识别系统主题标志
资料来源：广州市体育局编印的《广州市社区足球场建
设实施情况总结报告》（2016年12月）

社区小型足球场主题标志设计说明：标志在造型上以红、绿双方球员形象及星星构建成一个立体的足球；把木棉花隐藏于足球纹理中，寓意着广州足球的全面开花；花、人、球组成一个整体，天人合一，人们乐在其中；星星寓意众多如繁星般的社区小型足球场，精彩各不相同，同时寓意着球场上星光无限，也是广州足球的辉煌之星；字体上，英文字体采用连笔的手写字体，犹如社区小型足球场"赛事"不间断，中文字体使用手写行书，让社区小型足球场更贴近生活，感觉更加亲切；色彩上，采用了代表社区文化多元性的红、绿、蓝三色，丰富的色调犹如不同的社区文化相互交织、碰撞出新型的社区足球文化。

广州市体育局要求管理单位统一安装社区小型足球场视觉标识，做好球场形象建设及信息公示工作，提高公共体育设施形象的辨识度和信息开放度。各球场管理单位须在场地出入口明显位置悬挂统一规范的标牌，并向公众公告其开放时间、收费标准、安全须知、管理单位、责任人、投诉电话等有关管理信息，报所属区体育行政部门备案。具体要求为（图8-5）：

①社区小型足球场视觉标识包含统一设计的足球场Logo及规定的牌匾（至少包含名称牌、价目牌及管理规定牌三块牌）。

②三块牌匾材质、样式应统一。材质均为厚度10mm的不锈钢；具体内容包含"球场开放时间、收费标准、安全须知、管理单位、责任人、服务电话"等信息，可根据球场情况进行调整，必须有"广州社区小型足球场"及"中国体育彩票"标志。

③名称牌尺寸应固定为长60cm、宽40cm，且统一为悬挂式，"业主单位"应为场地所在区街道办事处、镇政府或用地权属机构等单位，"监管单位"应为属地区体育行政部门，"承建单位"应为具体施工建设单位。

④价格牌和管理规定牌尺寸可调整，并可结合球场实际悬挂或树立于球场明显位置。

广州市XX区XXXX
社区小型足球场

业主单位：xxxxxxxxxxxxxxxxxxx
监管单位：xxxxxxxxxxxxxxxxxxx
承建单位：xxxxxxxxxxxxxxxxxxx

XXXX年X月建

足球场开放时间及收费标准

开放时段	周一至周五 收费标准	周末及节假日 收费标准
08:00-17:00	XX元/小时	XX元/小时
17:00-23:00	XX元/小时	XX元/小时
（优惠时段）13:00-15:00	XX元/小时	XX元/小时
（免费时段）11:00-13:00	0元/小时	0元/小时

备注：
1. 执行广州市规定的场馆开放免费优惠政策，全民健身日（8月8日）球场全天免费开放，每周免费、优惠收费时段不少于14小时。
2. 如遇特殊情况，具体开放时段及收费标准以场馆公告为准。

足球场管理规定

一、自觉遵守球场管理制度，提前预约使用场地。
二、非开放时段，未经允许不得入内。
三、如遇暴雨、雷电天气，禁止入场活动。
四、禁止攀登、翻越场地围栏，破坏球场门锁、场内草皮及器械。
五、自觉维护球场卫生，不得在场内吸烟、随地吐痰、口香糖、乱丢果皮、杂物。
六、严禁各种车辆入内（包括各种轮滑、滑板）。
七、严禁携带易燃易爆、腐蚀性物品入内。
八、严禁携带宠物入内。
九、妥善保管随身物品，谨防被盗。如需帮助，请及时与场地管理员联系。

责任人：xxx
服务电话：020-xxxxxxxx

**注：该规定只是样式，可根据各自实际修改完善。

图8-5 广州市社区小型足球场名称牌、价目牌及管理规定牌摆放规定示意
资料来源：广州市体育局编印的《广州市社区小型足球场建设实施情况总结报告》（2016年12月）

（3）收费标准

为保证社区小型足球场的惠民便民性质和场地的持续发展，要求业主单位参照市发改委《关于我市市属公共体育场馆收费有关问题的复函》（穗发改价格函〔2015〕190号）有关规定，合理确定社区小型足球场开放收费标准，以保障管理单位的基本成本运行管理收入。社区小型足球场确因在对外开放中产生水、电、气、安保、绿化、保洁、人工等费用的，可以适当收费。收费项目和收费标准由管理单位根据运营成本合理制定；社区小型足球场由政府参与投资的，收费标准应当报送所属行政主管单位、部门审核，并由价格行政主管部门依法核定后实施。

政府投资兴建的社区小型足球场每周免费和优惠开放时间应当各不少于14小时；残疾人士、老年人凭证实行5折优惠，低保对象、学生凭证实行6折优惠。社会力量投资兴建且实行政府购买服务的社区小型足球场参照前款执行。

（4）上线运营

广州市体育局2013年开始投资建设了全民健身公共服务平台（简称"群体通"），是国内首创的"互联网+体育"场馆预订官方服务平台，提供预订支付、信息发布、平台互动、动态资讯、公益活动、竞赛组织等综合信息服务。市民通过电脑或智能手机上网访问群体通，可随时随地查询场馆信息，可进行在线场地预订并支付、赛事活动报名等，节省了到场馆现场预订的时间和路途，能更合理地安排个人的时间和出行（图8-6）。

图8-6　广州市群体通订场使用方式示意
资料来源：作者根据群体通宣传材料整理

　　社区小型足球场建成后，要求业主单位或管理单位将其加入群体通平台进行上线运营，一方面方便市民查询使用，另一方面可提升社区小型足球场服务管理水平。

　　此外，通过印制专题宣传折页的形式进行广泛推广，方便市民了解社区小型足球场的相关信息、咨询电话及订场使用方式（图8-7）。

图8-7　广州市社区小型足球场宣传折页示意
图片来源：作者自摄

第 9 章
思考与展望

9.1 若干思考

9.1.1 关于规划实施性的思考

任何规划的最终目的都是实施，这点对社区足球场规划而言尤为重要。正如前文所述，行动规划是社区足球场规划的最佳选择。

我们将《广州市社区小型足球场建设布局规划（2014—2016年）》的实施情况进行了统计，可以看出，全市整体的规划实施率为51%（表9-1）。那么，这个实施率是高还是低？

首先，对于全市整体的布局型规划而言，51%的实施率是非常高的。规划师们都很清楚，规划的实施是最难的，也是最不受控的，规划师最有成就感的时刻就是看到自己的规划成果付诸实施，因此，一个规划成果有超过50%的实施率是一件值得自豪的事情。其次，对于一个行动规划而言，51%的实施率又是偏低的。事实上，广州市完成了三年建设100个社区小型足球场的任务，但有49个球场不在前期规划的选址中。我们全程跟踪规划的实施，了解到很多球场的选址直到建设实施前的最后一刻仍在调整。这正是行动规划的特点，多元主体的参与和协商贯穿规划的全过程。那么我们不禁要问，行动规划需要一个稳定的规划成果吗？如果不需要，那需要一个什么样的成果？规划又该如何发挥作用？这是值得规划师长期思考探索的问题。

广州市社区小型足球场建设布局规划（2014—2016年）的实施情况　　表9-1

行政区	规划的社区小型足球场数量（个）	建成实施的社区小型足球场数量（个）	实施率（%）
越秀区	8	4	50.00
荔湾区	8	5	62.50
海珠区	12	6	50.00
天河区	8	4	50.00
白云区	12	3	25.00
黄埔区	8	7	87.50

续表

行政区	规划的社区小型足球场数量（个）	建成实施的社区小型足球场数量（个）	实施率（%）
萝岗区	6	4	66.67
番禺区	6	4	66.67
花都区	12	1	8.33
南沙区	6	4	66.67
增城市	8	4	50.00
从化市	6	5	83.33
合计	100	51	51.00

9.1.2　关于与法定空间规划衔接的思考

自2015年《中国足球改革发展总体方案》发布以来，足球场地设施的规划建设受到高度重视，国家层面多个文件提出将足球场地设施规划建设纳入相关法定空间规划的要求（表9-2），并被逐级落实到省、市的相关文件中。毫无疑问，与法定空间规划的衔接是足球场规划建设的应有之义，但如何衔接却是一个值得认真思考的话题。

首先，足球场规划属于专项规划的一种，是公共体育设施专项规划的子项，而囿于规划体系、法规标准、部门利益等因素的限制，专项规划与现有法定空间规划的衔接是悬而未决的难题，众多专项规划编制之后被束之高阁，如何应用、如何实施一直是各专业部门的心病。因此，在专项规划与现有法定空间规划的衔接未系统解决之前，足球场规划与现有法定空间规划的衔接很难仅靠国家发布文件实现突破。其次，足球场仅是数十类公共体育设施中的一类，通常与其他设施兼容或配套建设，它所占用或使用的土地在城乡规划管控中多被表达为非体育用地，它具体的空间位置在控制性详细规划及以上层次的规划中难以明确规定及表达（尤其是社区足球场），因此，将足球场的建设纳入法定空间规划有点"巧妇难为无米之炊"的尴尬，难度比一般专项规划更大，因为当前我们无法在规划中明确某块土地必须要建设足球场而非其他体育设施。最后，足球场规划作为行动规划，其内容和深度是随需求而变、灵活多样的，有不少内容可能不属于现有法定空间规划的范畴。

基于上述判断，我们认为，关于足球场规划与法定空间规划衔接，应认真思考哪些内容需要衔接和哪些内容不需要衔接，并不是一句"纳入规划"的简单说辞而没有配套落实措施。当然，这是一个非常复杂的话题，需要更多的实践探索。我们的基本观点是，足球场规划的近期实施性内容的重点是规划符合性的校核，而中远期控制性内容才应该作为规划衔接的关键内容来研究，也就是说，如何能把足球场建设的有关要求体现到法定空间规划中，进而落实到规划建设审批管理中。正如《广东省关于支持足球场地

设施规划建设的若干政策意见》（粤建规〔2017〕90号）中提出的：各地应在地方城市
规划管理技术规定中明确居住区、体育公园等配建足球场地设施建设标准和要求，以及
各类用地兼容设置足球场地的控制要求，纳入相应控制性详细规划的编制和实施。

国家有关文件关于足球场地设施规划建设与法定空间规划衔接的要求 表9-2

文件名	有关要求
《中国足球改革发展总体方案》	把兴建足球场纳入城镇化和新农村建设总体规划，明确刚性要求，由各级政府组织实施
《中国足球中长期发展规划（2016—2050年）》	将足球场地设施建设纳入城乡规划、土地利用总体规划和年度用地计划，在配建体育设施中予以保障
《全国足球场地设施建设规划（2016—2020年）》	将足球场地设施建设纳入城乡规划、土地利用总体规划和年度用地计划，合理布局布点，在缺乏足球场地的中小学校、城乡社区加快建设一批足球场地
《住房城乡建设部办公厅等关于做好足球场地设施布局规划建设的指导意见》	各级住房城乡建设（城乡规划）部门要主动作为，与相关部门共同做好足球场地设施建设规划，将足球场地设施纳入各层次城乡规划，规范规划审批、建设和验收流程，加快建设项目实施，及时总结经验做法

9.1.3 关于规划建设审批流程的思考

（1）关于建设用地规划许可

社区足球场在建设用地规划许可方面主要有两方面的问题值得思考：一方面，当前
控制性详细规划和各地城乡规划管理技术规定或标准中通常没有社区足球场配建的刚性
内容，因此在供地时将社区足球场建设纳入规划设计条件缺乏法定规划依据，这就需要
地方政府在城乡规划管理技术规定或标准修订中进行研究和明确，并在控制性详细规划
的编制和实施中落实管理；另一方面，社区足球场属于配套设施，如果办理建设用地规
划许可，一般属于主体工程许可的部分内容，不需要单独办理，而近年来建设的社区足
球场多是挖潜利用现有各类空置场所，也并不具备单独办理建设用地规划许可的条件。
但是需要指出的是，即使不需要办理建设用地规划许可手续，也需要地方政府进行规范
和明确，以消除建设单位或主体的顾虑，为社区足球场建设提供一个安全积极的政策环
境。这方面广州市做出了一些探索性的规定（表9-3）。《广东省关于支持足球场地设施
规划建设的若干政策意见》（粤建规〔2017〕90号）也指出，对于仅进行局部功能更新
建设足球场地设施的转制社区、老旧住宅区、城中村等，需占用居民共有使用权的土地
和建筑的，可以由业主、业主代表或业主委员会（村民委员会）提出申请。

（2）关于建设工程规划许可

在建设工程规划许可方面，社区足球场最大的特点是其主体草坪场地部分不属于建
构筑物。在我国的规划建设审批管理中，如果仅就足球场地建设而言，是没有途径也不

需要办理建设工程规划许可手续的。这样的特点并不是足球场独有的，其他很多室外体育设施也存在类似情况。

但是，这并不意味着社区足球场建设不需要规划管理，我们认为，无论是否需要办理建设工程规划许可手续，均需要地方政府进行规范和明确，以避免使社区足球场的建设处于一个模糊地带，甚至形成合理不合法的建设困境。表9-3中列举了广州市在这方面的探索，这是广州市社区足球场建设取得实效的重要政策保障。

同时需要指出的是，广州市的探索仅是一个开端，还有不少需要提升的空间。一方面，需要把政策规定细化落实到部门具体的操作流程中，为社区足球场建设提供更清晰的规划建设审批指引；另一方面，笼式足球场、气膜足球场、屋顶足球场等新兴足球设施的规划建设审批目前仍是真空地带，没有禁止但也没有规划建设手续办理的通道，处于两难的境地，亟待明确和规范。

广州市有关社区足球场规划建设手续的部分规定　　　　　　　表9-3

文件名	具体条文
《广州市城乡规划条例》（2014）	在规划区内进行新建、扩建、加建、改建、危房原址重建各类建设工程的，建设单位或者个人应当向城乡规划主管部门申请建设工程规划许可证或者乡村建设规划许可证，但无需申请的除外。 市城乡规划主管部门应当根据建设工程自身建设特点、性质、规模等，明确无需申领建设工程规划许可证或者乡村建设规划许可证的范围，报市人民政府批准后向社会公布。
《广州市人民政府关于加快发展体育产业促进体育消费的实施意见》（2016）	在闲置空地建设无上盖及围护结构的体育设施无需办理相关规划手续，建设单位可在符合城市管理等其他相关要求的前提下按照规范进行建设。
《广州市社区小型足球场规划建设和使用管理暂行办法》（2015）	小型足球场建设在符合城市总体规划和土地利用总体规划要求的前提下，其用地原则上不涉及规划许可及产权登记，所建成小型足球场为权属单位建筑物业的附属设施。
《广州市城乡规划程序规定》（2011）	属于下列范围的建（构）筑物，建设单位或者个人可以免于申领建设工程规划许可证，但是应当根据市容环卫标准和相关主管部门的要求进行建设： （三）在已经城乡规划主管部门审定修建性详细规划或者建设工程设计方案总平面图的公园里，建设非经营性、用于休憩的亭、台、廊、榭、厕所、景观水池、无上盖游泳池、雕塑和园林小品、大门、门卫房等建（构）筑物。 （四）已经城乡规划主管部门审定修建性详细规划或者建设工程设计方案总平面图的住宅小区内，不临规路的景观水池、无上盖的游泳池、雕塑和园林小品、大门、门卫房等建（构）筑物。 （五）施工用房及其他不涉及土建施工的临时性用房。 （六）下列建筑物外部附属构筑物、构件： 1.为安装安全防护设施、竖向管道、幕墙清洁吊塔、空调等而建造的构筑物、支架。 3.用于安装灯光、旗杆、音像等设施的基座、建筑构件等。 6.体育跑道、无基础看台。

9.1.4　关于临时性建设的思考

从建设的时效性来看，社区足球场有两方面的特点值得关注：一是社区足球场的建设承载空间非常丰富，除了在传统的体育用地、公园绿地、居住小区中建设外，街头绿地、边角地、屋顶、高架桥底、盐碱地、河漫滩等各类闲置、空置场所均可灵活用来建设社区足球场，正如《中国足球改革发展总体方案》指出的那样，"因地制宜建设足球场，充分利用城市和乡村的荒地、闲置地、公园、林带、屋顶、人防工程等，建设一大批简易实用的非标准足球场"；二是如前文所述，绝大多数社区足球场的建设不需要或无法办理规划许可审批手续，主要是作为社区配套的非建筑物设施而存在。

那么问题来了，除了体育场馆、公园、小区中固定的社区足球场外，其他量大面广的社区足球场是临时的还是长期的呢？如果是长期的，这些球场所占用土地的功能可能随时发生改变，甚至有些球场本来就是在临时用地上建设的，而且由于没有办理规划许可审批手续，很难强制保证球场不被拆除；如果是临时的，当这些球场成为周边居民喜闻乐见的健身好去处后，突然消失可能会产生不良社会影响，而对于球场建设主体而言，长期持续的运营是保证其建设积极性的关键。

应该说，这是一个复杂且不容易解决的问题，有待各地方政府探索经验。我们认为，首先，应该鼓励社区足球场的临时建设，这是符合社区体育设施建设规律的基本做法，也是丰富社区足球场承载空间的主要做法。其次，除了部分明确临时使用年限的球场外，应保证社区足球场的相对长期使用，这一方面可以避免球场建成后被快速侵占，满足居民的健身需求；另一方面也能提高社会多元主体建设的积极性，如《广州市社区小型足球场规划建设和使用管理暂行办法》规定，足球场的使用保有年限原则上不少于5年，5年内不得改变其功能用途。此外，应主动研究将社区足球场纳入控制性详细规划及后续供地的规划设计条件中，如某一块社区足球场深受居民喜爱，周边需求旺盛，虽然建设时并没有办理规划许可审批手续，但如果根据实际将其纳入控制详细规划中，则可以保证后续社区或片区改造时该足球场的继续存在，这正是满足人民对美好生活需求的做法。

9.2　展望

自2014年国务院明确"将全民健身上升为国家战略"以来，我国体育工作上升到新高度，纳入了中共中央提出的健康中国总体布局。全民健身的时空范围不断拓展，"全民健身、全民健康"成为未来发展的核心主题。

进入全民健身新时代，我国公共体育设施的需求和供给都在发生重大变化，规划建设将面临转型与挑战。需求侧方面：一是"体育即生活""生活即体育"已成为全社会共识，体育设施的公共服务功能逐渐由"非必需"向"必需"转变；二是群众对体育功能的认识开始由"观赏"向"参与"转变；三是群众对健身场地的要求由"低标准"向"高标准"转变。供给侧方面，公共体育设施的供给逐渐从"政府主导建设"向"多方参与建设"转变、从"注重大型设施建设"向"鼓励中小型设施建设"转变。

然而，我国公共体育设施的规划建设长期存在重竞技轻群众的导向，使现状体育设施普遍存在"用地布局失衡、社区场地不足，配置标准滞后、规划引导不强，设施品质不高、群众利用不便"等问题。可以说，公共体育设施规划建设的滞后，已成为落实全民健身国家战略的短板。

社区足球场作为社区体育设施的典型代表，具有符合时代需求、群众喜闻乐见、消费潜力大等特点，受到国家的高度重视，其规划建设探索走在前列，也体现了社区体育设施的一些共性。我们将社区足球场的概念、特征、国内外发展情况进行梳理，对其规划建设的理论、方法和实践成果进行总结提炼，仅仅只是抛砖引玉，仍有许多待完善或研究的内容。

未来，我们将继续以全民健身为导向，探索公共体育设施在规划编制、标准指引、建设实施等方面的实践创新，一是加强专项规划在编制思路、编制方法、编制内容方面的探索，增强规划的引领性和可实施性；二是持续推进相关标准指引研究，以社区体育设施为重点，通过标准指引创新来搭建规划配置与建设实施间的桥梁；三是探索建立覆盖"规划编制——建设实施——管理运营"全流程的一体化规划咨询服务体系，更好地为我国足球事业发展和全民健身工作作出应有贡献。

全国足球场地设施建设规划（2016—2020年）

发改社会［2016］987号

为进一步满足群众体育健身需求，普及推广足球运动，全面振兴中国足球和建设体育强国，根据《国务院关于加快发展体育产业 促进体育消费的若干意见》（国发〔2014〕46号）、《中国足球改革发展总体方案》（国办发〔2015〕11号）和《中国足球中长期发展规划》（发改社会〔2016〕780号），制定本规划。

一、规划背景

足球运动是具有广泛影响的世界性运动，深受广大人民群众喜爱。随着人民生活水平不断提高，体育健身意识不断增强，足球运动在我国快速发展，已经成为全民健身的重要组成部分，对于提高国民素质，丰富精神文化生活，发展体育产业，实现体育强国梦具有重要意义。

足球场地设施是发展足球运动的物质基础和必要条件，但目前我国现有足球场地设施与广大人民群众的足球运动需求不相适应。截至2013年底，全国拥有较好条件的足球场地1万余块，平均约13万人拥有一块足球场地，与足球发达国家存在较大差距。

当前，我国正处于新型城镇化建设的关键时期，体育设施建设迎来难得的发展机遇，科学规划建设足球场地设施，有利于增加足球场地有效供给，夯实足球运动发展基础，普及足球运动，提高足球运动水平。

二、指导思想和基本原则

（一）指导思想

以邓小平理论、"三个代表"重要思想、科学发展观为指导，全面贯彻党的十八大和十八届二中、三中、四中、五中全会精神，深入学习贯彻习近平总书记系列重要讲话精神，推动落实"四个全面"战略布局，把足球场地设施作为重要民生工程和中国足球振兴的基础性工程，调动全社会力量共同参与，有效增加供给，增强公益性，提高可及性，为足球运动在全国蓬勃发展奠定坚实的物质基础。

（二）基本原则

面向基层、服务群众。以群众健身、足球普及为导向，以校园和社区为重点，积极建设群众身边的足球场地设施，大幅提高场地设施的覆盖率，方便城乡居民就近参与足球运动。

因地制宜、分类指导。充分考虑区域内人口数量及分布、自然环境特点和现有体育设施资源等因素，合理布点布局，科学确定足球场地数量、类型及标准。

政府引导、多方参与。强化政府在规划、政策、标准和投入方面的责任，充分调动社会力量积极性，积极引导社会资本参与设施建设和运行。

建管并重、提高效益。既要努力增加供给，又要盘活存量资源，既要注重硬件建设，又要注重运行管理，不断提高足球场地设施利用效率。

三、目标和任务

本规划所指足球场地包括5人制、7人制（8人制）和11人制场地；标准场地指11人制足球场。

（一）建设目标

到2020年，全国足球场地数量超过7万块，平均每万人拥有足球场地达到0.5块以上，有条件的地区达到0.7块以上。足球设施的利用率和运营能力有较大提升，经济社会效益明显提高，初步形成布局合理、覆盖面广、类型多样、普惠性强的足球场地设施网络。

（二）建设任务

全国建设足球场地约6万块。

修缮改造校园足球场地4万块。坚持因地制宜，逐步完善，充分利用现有条件，每个中小学足球特色学校均建有1块以上足球场地，有条件的高等院校均建有1块以上标准足球场地，其他学校创造条件建设适宜的足球场地。

改造新建社会足球场地2万块。除少数山区外，每个县级行政区域至少建有2个社会标准足球场地，有条件的城市新建居住区应建有1块5人制以上的足球场地，老旧居住区也要创造条件改造建设小型多样的场地设施。

完善专业足球场地。新建2个国家足球训练基地。依托现有设施，建设一批省级足球训练基地。鼓励职业俱乐部完善各梯队比赛和训练场地。

四、建设方式和资金来源

（一）建设方式

综合利用。立足整合资源，充分利用体育中心、公园绿地、闲置厂房、校舍操场、社区空置场所等，拓展足球运动场所。

修缮改造。立足改善质量，对农村简易足球场地进行改造，支持学校和有条件的城市社区改善设施水平。

新建扩容。立足填补空白，将足球场地设施建设纳入城乡规划、土地利用总体规划和年度用地计划，合理布局布点，在缺乏足球场地的中小学校、城乡社区加快建设一批足球场地。

（二）资金筹措

加大公共财政投入。地方政府安排财政性资金，支持基础性、公益性足球场地设施建设，中央财政通过现有资金渠道予以补助。

吸引社会资本投入。鼓励企业、个人和境外资本投资建设、运营足球场地，支持社会力量捐资建设各类足球场地。

推动政府和社会资本合作。采取公建民营、民办公助、委托管理、ppp等方式，因地制宜建设足球场地设施。

五、开放利用

校园场地开放。在确保正常教学秩序和校园安全的前提下，加快推动校园场地在课余时间向学生开放、向社会开放，建立学校和社区场地资源共享机制，显著提高校园场地综合利用率。

公共体育设施开放。坚持以公益性为导向，政府投资兴建的足球场地应免费或低收费向社会开放。

其他社会场地开放。引导厂矿企业、机关事业单位等所属的足球场地设施向社会开放。通过政府购买服务等方式引导营利性场地设施为群众健身服务。鼓励职业俱乐部以适当形式开放场地，供训练、比赛和参观学习。

场地设施高效利用。建立场地设施的长效运营机制，明确校园和公共足球场地开放的条件和要求，对设施状况、开放时间、收费价格等予以公开明示。

六、组织实施

（一）建立工作机制

各地要充分认识加强足球场地设施建设的重要性，将足球场地设施建设纳入当地国民经济和社会发展规划，成立政府领导负责，发展改革、体育、财政、国土资源、住房城乡建设、教育、税务、足协等部门参加的规划实施领导小组，切实加强沟通协调，共同推动足球场地设施建设。

（二）编制地方规划

各地根据本规划要求编制足球场地设施建设规划，建立项目储备库，明确分年度建设目标任务、时间进度、责任主体，落实资金渠道，抓好项目建设，确保工程质量。

（三）抓好政策落实

各地要建立稳定的足球场地设施建设投入保障机制，确保建设用地供给，落实体育设施建设和运营税费减免政策，执行好水、电、气、热等方面的价格政策。拓宽投融资渠道，支持社会资本建设足球场地。加强足球场地建设运营和管理人才培养。

（四）强化监督检查

各地要加强工作绩效考核，确保责任到位、任务落实，及时开展对足球场地设施建设规划实施情况的监督检查，引入第三方评估机制，接受社会群众监督。国家发展改革委、教育部、体育总局、全国足球改革发展部际联席会议办公室（中国足球协会）等部门负责本规划的监督检查。

（2016年5月9日由国家发展改革委、教育部、体育总局、国务院足球改革发展部际联席会议办公室联合印发，来源：国家发展改革委官网）

广东省足球场地设施建设规划（2016—2020年）

粤发改社会〔2016〕862号

为进一步普及推广足球运动，满足群众体育健身需求，建设体育强省，根据《全国足球场地设施建设规划（2016—2020年）》（发改社会〔2016〕987号）和《广东省足球改革发展实施意见》（粤府办〔2016〕71号）要求，结合我省实际，制定本规划。

一、规划背景

足球运动在我省拥有广泛的群众基础，已成为全民健身的重要组成部分。科学规划建设足球场地设施，有利于增加足球场地有效供给，对夯实足球运动发展基础，落实全民健身战略，发展体育产业，建设体育强省具有重要意义。

随着社会经济的发展，在各级政府和社会各界的大力支持和共同推动下，全省足球场地设施在投入、数量、面积等方面都不断发生了可喜变化，为足球运动的普及提高打下了良好的基础。根据2013年广东省第六次体育场地普查统计，全省足球场地发展情况如下：

（一）基本概况

全省共建有各级各类足球场地3563块。足球场地区域分布情况：珠三角9市（广州、深圳、珠海、佛山、惠州、东莞、中山、江门、肇庆）有2185个，占比61.3%；粤东6市（汕头、梅州、河源、汕尾、潮州、揭阳）有409个，占比11.5%；粤西4市（阳江、湛江、茂名、云浮）有724个，占比20.3%；粤北2市（韶关、清远）有245个，占比6.9%。

足球场地所属系统情况：教育系统2317个，占比65.0%；其他系统1029个，占比28.9%；体育系统217个，占比6.1%。

（二）存在问题

一是数量不足。截至2013年底，全省拥有足球场地3563块，平均每万人拥有足球场地只有0.33块，与《全国足球场地设施建设规划（2016—2020年）》提出的"平均每万人拥有足球场地达到0.5块"的目标存在较大差距。

二是分布不平衡。从区域分布看，足球场较集中在经济发达的珠三角地区，经济欠发达地区足球场地相对缺乏。从系统结构看，教育系统场地数量占比65.0%，足球场地社会化程度不高。

三是开放利用率不高。全省3563个足球场中，有1696个不开放，占比47.6%；有925个部分时段开放，占比26.0%；有942个全天开放，占26.4%。

总的来看，我省足球场地设施建设及运行管理仍有许多亟需解决的问题，各地要进一步增强责任感和紧迫感，主动适应经济社会发展新常态，采取有力措施加快足球场地设施建设，提高运行管理水平。

二、指导思想

深入贯彻落实习近平总书记系列重要讲话精神，紧紧围绕"四个全面"战略布局，按照"三个定位、两个率先"目标要求，把足球场地设施建设作为重要民生工程和振兴南粤足球的基础性工程，调动全社会力量共同参与，有效增加供给，增强公益性，提高可及性，为足球运动在全省进一步蓬勃发展奠定坚实的物质基础。

三、基本原则

面向基层、服务群众。以群众健身、足球普及为导向，以校园和社区为重点，积极建设群众身边的足球场地设施，大幅提高场地设施覆盖率，方便城乡居民就近参与足球运动。

因地制宜、分类指导。充分考虑区域内人口数量及分布、自然环境特点和现有体育设施资源等因素，合理布点布局，科学确定足球场地数量、类型及标准。

政府引导、多方参与。强化政府在规划、政策、标准和投入方面的责任，充分调动社会力量积极性，积极引导社会资本参与设施建设和运行。

建管并重、提高效益。既要努力增加供给，又要盘活存量资源，既要注重硬件建设，又要注重运行管理，不断提高足球场地设施利用效率。

四、建设目标

本规划所指足球场地包括5人制、7人制（8人制）和11人制场地；标准场地指11人制足球场。

到2020年，全省足球场地数量超过6500块，其中新建足球场地3000块，平均每万人拥有足球场地达到0.6块以上，有条件的地区达到0.7块以上。足球场地设施利用率和运营能力有较大提升，群众健身需求得到不断满足，经济社会效益明显提高，初步形成布局合理、覆盖面广、类型多样、普惠性强的足球场地设施网络。

五、建设任务

（一）建设校园足球场地2000块。坚持因地制宜，逐步完善，充分利用现有条件完善校园足球场地设施，每个中小学足球特色学校均建有1块以上足球场地，有条件的高等院校均建有1块以上标准足球场地，其他学校创造条件建设适宜的足球场地。

（二）新建社会足球场地1000块。每个地市应建有配备1.5万个以上座位的体育场（含标准足球场地）。除少数山区外，每个县级行政区域至少建有2个标准的社会足球场地。乡镇、有条件的街道、行政村、城市新建居住区应建有1块5人制以上的足球场地，老旧居住区也要创造条件改造建设小型多样的足球场地设施。

（三）建设专业足球场地。鼓励有条件的地市及企业，按照国际标准，建设拥有专业足球比赛场和训练场，以及配套食宿、培训、比赛、科研、医疗等功能，适用于各级国家队训练比赛的国家级足球训练基地；鼓励有条件的地区采取新建或改建的方式，建设完善可承办国际A级赛事的足球场地；鼓励有条件的地区建设本级青少年足球训练基地。

（四）建设完善省级足球场地设施。加快对省奥林匹克体育中心、省人民体育场的场地改造和设施设备配套完善，将其建设成具备举办国际A级比赛的足球场；加快完善省足球训练基地建设，将其建设成为具备承担训练比赛任务，配套齐全的国内一流足球训练基地。

六、建设方式

（一）综合利用。立足整合资源，充分利用体育中心、公园绿地、闲置厂房、校舍操场、社区空置场所等，拓展足球运动场所。

（二）修缮改造。立足改善质量，对农村简易足球场地进行改造，支持学校和有条件的城市社区改善设施水平。

（三）新建扩容。立足填补空白，将足球场地设施建设纳入城乡规划、土地利用总体规划和年度用地计划，合理布局布点，在缺乏足球场地的中小学校、城乡社区加快建设一批足球场地。

七、开放利用

贯彻落实《广东省公共体育设施向社会开放指导意见》（粤体群〔2012〕67号），切实推动各级各类足球场地向社会开放。

（一）校园场地开放。在确保正常教学秩序和校园安全的前提下，实现校园场地在课余时间向学生开放。满足开放条件的学校，要积极推动校园体育场地向社会开放。建立学校和社区场地资源共享机制，显著提高校园场地综合利用率。

（二）公共体育设施开放。坚持以公益性为导向，政府投资兴建的足球场地在没有承接赛事或安排训练任务的前提下，必须实现常年免费或低收费向社会开放。

（三）其他社会场地开放。引导厂矿企业、机关事业单位等所属的足球场地设施向社会开放。通过政府购买服务等方式引导营利性场地设施为群众健身服务。鼓励职业俱乐部以适当形式开放场地，供训练、比赛和参观学习。

（四）场地设施高效利用。建立场地设施长效运营机制，明确校园和公共足球场地开放条件和要求，对设施状况、开放时间、收费价格等予以公开明示。运用互联网+信息平台提供足球场地设施查询及预订服务，加强日常维护，确保使用安全。

八、组织保障

（一）加强组织领导

要充分认识加强足球场地设施建设的重要性，将足球场地设施建设纳入各级国民经济和社会发展规划。按照《广东省足球改革发展实施意见》（粤府办〔2016〕71号）要求，坚持足球改革发展联席会议制度，各级发改、财政、国土资源、住房城乡建设、城乡规划、教育、国税、地税、体育等部门加强沟通协调，密切配合，共同推动足球场地设施建设。

（二）编制建设规划

1. 各地市应根据本规划，进一步摸查本地区足球场地设施现状，编制本地区足球场地设施建设工作方案，建立项目库，报省体育局、发展改革委备案，抄送省住房城乡建设厅。

2. 由省住房城乡建设厅牵头，省体育局、教育厅配合，根据本规划和各地市足球场地设施建设工作方案，进一步编制《广东省足球场地建设空间规划》和《广东省足球场地建设技术指引》，印发各地市参照执行。

3. 各地市进一步明确本地区足球场地设施建设年度目标任务、时间进度、责任主体，落实资金渠道，抓好项目建设，确保工程质量。

（三）拓宽经费来源

各级政府要加大公共财政投入，安排财政性资金支持基础性、公益性足球场地设施建设。各级政府要加强财政支持保障，可从本级留成的体育彩票公益金中安排适当资金，科学调整并优化支出结构，统筹安排资金支持基础性、公益性足球场地设施建设。吸引社会资本投入，鼓励企业、个人和境外资本投资建设、运营足球场地。推动政府和社会资本合作，采取公建民营、民办公助、委托管理、PPP等方式，因地制宜建设足球场地设施。

（四）提供政策保障

各地要将足球场地设施建设纳入城乡规划、土地利用总体规划和年度用地计划，确保建设用地供给，优化简化足球场地建设项目审批。落实体育设施建设和运营税费减免政策，加强足球场地设施建设和管理人才培养。

（五）强化监督检查

各地要建立动态跟踪监测和考核评估机制，及时对足球场地设施建设规划实施情况开展监督检查，确保工作落实到位、建设任务顺利推进、规划目标如期实现。省发展改革委、体育局、教育厅、足协等部门负责本规划监督检查。

（2016年12月30日由广东省发展改革委、广东省教育厅、广东省体育局、广东省住房城乡建设厅、广东省足协联合引发，来源：广东省发展改革委官网）

附录3：

广州市足球场地设施规划建设实施方案（2017—2020年）

穗发改〔2018〕313号

为进一步普及推广足球运动，夯实足球试点城市工作基础，增加足球场地供给，满足市民需求，根据《全国足球场地设施建设规划（2016—2020年）》（发改社会〔2016〕987号）、《广东省足球场地设施建设规划（2016—2020年）》（粤发改社会〔2016〕862号）和《广州市公共体育设施及产业功能区布局专项规划》要求，结合我市实际，制定本方案。

一、场地现状

（一）基本情况

截至2016年，全市共建有各级各类足球场地1077块（教育系统765块，占71%；体育系统65块，占6%；其他系统247块，占23%），每万人拥有足球场地0.77块。

（二）存在问题

一是供需匹配尚不均衡。中心六区与外围五区总体数量相当，中心六区536个，占比49.8%；外围五区541个，占比50.2%。但越秀、海珠、荔湾等老城区，人均场地普遍不足0.5块/万人，远远低于外围各区1.0块/万人的水平。

二是整体开放水平有待提高。全市足球场地开放率（含部分时段开放和全天开放）仅45%，开放率偏低。

三是专业场地相对不足。与武汉、成都、大连、青岛等足球试点城市相比较，广州目前还缺少高标准、专业化的青少年训练基地。此外，我市至今尚无一座超大型专业足球场，与职业足球发展水平不相适应。

四是管理维护机制尚不健全。全市足球场地的草皮质量与维护水平较低，部分场地草皮缺乏维护、磨损严重，有的甚至还存在荒废等现象。

二、指导思想、建设目标和工作原则

（一）指导思想

深入贯彻落实党的十九大精神，以人民为中心，以满足人民日益增长的美好生活需求为根本遵循，按照"以条为主、条块结合，市级统筹、区级落实，调动全社会力量共同参与"原则，对标先进，着力解决足球场地发展不平衡不充分问题，增强公益性，提高可及性，为广州足球运动走在前列奠定坚实的场地基础。

（二）建设目标

本方案所指足球场地包括5人制、7人制（8人制）和11人制场地；标准场地指11人制足球场。

到2020年，全市足球场地数量达1277块，新增足球场地200块，其中新建足球场地约170块，改造废弃场地约30块，平均每万人拥有足球场地达到0.8块，有条件的区达到1块以上。积极推进专业足球场地建设，初步形成布局合理、覆盖面广、类型多样、普惠性强的足球场地设施网络。足球场地设施利用率和运营能力有较大提升，群众健身需求得到不断满足，经济社会效益明显提高，足球试点城市特色更加凸显。

（三）工作原则

立足基层，面向群众。以群众健身、足球普及为导向，以校园和社区为重点，立足适宜的服务半径和慢行可达性，兴建群众身边的场地设施，方便城乡居民就近参与足球运动。

因地制宜，科学布局。综合考虑区域内自然环境特点、现有体育设施资源以及人口数量、结构等因素，科学确定足球场地数量、类型及标准，节约集约选址布点。

统筹兼顾，综合利用。充分利用区域内体育中心、公园绿地、闲置厂房、校舍操场、厂矿企业、机关事业单位、社区空置场所等，拓展足球运动场所。

政府引导，多方参与。强化政府在规划、政策、标准和投入方面的责任，调动社会力量，积极引导社会资本参与设施建设和运营管理。

建改并重，增量提质。既注重填补空白，新建场地，又注重盘活资源，修缮改造一批废弃失修、不合规范或被占用的场地，着力提升足球场地设施品质。

三、建设任务

根据前期调研和摸查实际，新建和改建200块足球场地任务分配如下：新建校园足球场地100块，由市教育局负责统筹完成；新建改造社会足球场地100块，分别由市体育局、市林业和园林局、市总工会负责统筹完成55块、30块和15块。

在实施过程中，各市级统筹部门可根据市、区两级实际情况合理安排，具体任务可在本系统内市本级单位和区属单位之间互相调剂。各市级统筹部门可根据实际情况调整建设类型（5人、7人或8人、11人制），建设数量原则上不再调减。

（一）新建校园足球场地100块

坚持因地制宜、逐步完善，充分利用现有条件完善校园足球场地设施。每个省级校园足球场推广学校、国家青少年校园特色学校均建有1块以上足球场地，每个新建中小学按照《国家学校体育卫生条件试行基本标准》，配套建设校园足球场地。有条件的高等院校均建有1块以上标准足球场地。鼓励改扩建学校创造条件建设校园足球场地。

（二）新建改造社会足球场地100块

充分发挥政府主导作用，体育系统主导建设足球场地55块，园林系统主导建设足球场地30块，工会系统主导建设足球场地15块，并引导全社会共同参与。每个行政区原则上建有不少于2个标准的社会足球场地，建制镇、有条件的街道、行政村、城市新建居住区应建有1块5人制以上的足球场地，有条件的新建公园绿地应积极配套建设足球场地，老旧居住区要创造条件建设小型多样的足球场地设施。鼓励各区、各单位修缮被占用或年久失修失去运动功能的场地，验收合格后按现行足球场地相关规定进行运营、维护和管理。

（三）大力推进专业足球场地建设

鼓励有条件的区及单位、企业，按照国际标准，建设适用于各级国家队训练比赛的国家级足球训练基地。大力推进广州国家级青少年足球训练中心选址和专业足球场地建设。支持启动广州超大型专业足球场建设项目，鼓励职业俱乐部完善各梯队比赛和训练场地，保障广州足球事业持续发展。

（四）协助配合省级足球场地设施改造

积极协助配合做好省奥林匹克体育中心、省人民体育场、省足球训练基地的场地改造和设施设备配套完善工作，为省级足球场地设施规划建设提供全方位支持。

四、经费安排

（一）经费投入原则

市、区教育、体育、林业和园林、工会等职能部门是足球场地设施规划建设工作的实施主体，通过每年各自编制部门预算和转移支付预算安排足球场规划建设经费（流程详见附件，略）。市本级补助给区的经费按照"先干先给，多干多给，快干快给"原则，采取补助的方式安排资金；市本级使用经费按照项目进度分年度纳入各部门预算。

（二）市本级建设单位经费安排及程序

市教育、体育、林业和园林、工会等职能部门负责建设的场地设施，其所需经费由市财政全额承担，并按项目实际需求编制部门年度预算，经市财政局审核并报市人大审查批准后，由市财政局按照有关程序拨付资金。

（三）区属单位建设经费安排及程序

区属单位的建设经费由市级财政补助和区级财政经费两部分构成。

1. 市级财政补助标准及申请程序。

市本级财政资金按照各区每年所承担的建设任务予以经费补助。补助金额标准，按足球场型制类别及造价分别为：5人制30万元、7人制（8人制）40万元、11人制80万元。该经费主要用于人工草、围网、灯光、球门等设施购置和施工安装。

市本级财政补助经费由区相关职能部门根据建设任务及补助标准向市相应的职能部门提出申请，市职能部门汇总所辖各区建设任务，根据补助标准编制转移支付预算，并经市人大审查批准后，由市财政局将补助资金按程序下拨。

2. 区级财政经费申请程序

区级财政建设经费由区相关职能部门按建设任务实际需要，结合市财政的补助情况编制部门预算，经区财政部门审核并经区人大审查批准后，由区财政局将建设资金下达给区职能部门。各用款单位应按有关规定加强资金管理，确保专款专用。

五、工作进度

第一阶段：实地调研（2017年1~5月）

实地调研足球场地备选点情况，充分听取各区及市直有关部门等的意见建议，收集整理有关资料数据，为制定规划和年度计划筑牢基础。

第二阶段：制定方案（2017年6~12月）

制定《广州市足球场地设施规划建设实施方案（2017—2020年）》（征求意见稿），收集整理有关职能部门和各区政府意见建议，修改完善报市政府审定后印发实施。

第三阶段：实施建设（2018年1月~2020年12月）

市、区教育、体育、林业和园林、工会等职能部门根据各系统任务组织实施，并根据实际情况及时调整进度，确保到2020年12月完成本部门统筹完成的建设任务。

第四阶段：检查验收（每年11~12月）

每年年底前，各建设单位按照项目要求，组织第三方对各承建单位进行年度检查验收，并通过相关渠道公布结果。

六、保障措施

（一）加强组织领导。市、区两级政府要加强对全市足球场地设施规划建设工作的领导，将足球场地建设纳入国民经济和社会发展规划。建立市足球场地设施规划建设联席会议制度，由市政府分管副市长担任召集人，市政府协助分管工作的副秘书长和市体育局主要负责人为副召集人，市发展改革委、教育局、财政局、国土规划委、住房城乡建设委、林业和园林局、体育局、市总工会、市足协等部门和各区政府负责同志为联席会议成员（联席会议工作规则及成员名单另文按程序呈报市政府审定），协调解决足球场地设施规划建设工作中的困难和问题，确保建设任务有序推进按时完成。

（二）明确工作职责。市教育、体育、林业和园林、总工会等职能部门作为统筹单位，要安排好本系统市、区两级建设任务，制定好年度计划，落实好建设及补助资金，并督办指导协调区相关职能部门有序推进。各区政府要高度重视本区足球场地建设工作，在用地、资金等方面给予保障，确保本区教育、体育、林业和园林、工会等部门完成市级相关职能部门下达的建设任务。发改、国税、地税等部门要协同落实体育设施建设和运营税费减免政策，执行好水、电、气、热等方面的价格政策。

（三）保障经费投入。市、区两级财政部门要优化财政支出结构，保障项目所需经费，做好资金拨付和监管。市、区相关职能部门要严格执行市财政有关专项资金管理办法等相关规定，保障资金安全，提高使用效益。积极拓宽经费来源，鼓励企业、个人和境外资本投资建设、运营足球场地，支持公建民营、民办公助、委托管理等方式建设足球场地设施，推动政府和社会资本合作建设足球场地。

（四）严格项目管理。足球场地设施建设应纳入市、区重点建设项目库，结合项目实施条件及推进难度，合理确定年度建设任务，市、区相关职能部门要根据项目进度编制年度投资计划，确保项目建设资金到位。参照市教育部门"校安工程"做法，建立项目报建"绿色通道"，在符合有关报建审批规定的基础上，优化简化报建审批手续和流程，确保项目如期完成。各建设项目应当按照批准的设计进行施工，不得擅自调整建设规模、标准和内容，严控投资造价、防止出现超投资现象。

（五）实施惠民开放。贯彻落实《广州市体育设施向社会开放管理办法》（穗府办〔2013〕45号）和《广州市社区小型足球场规划建设和使用管理暂行办法》（穗体〔2015〕5号），切实推动各级各类足球场地向社会免费或优惠开放。

（六）强化监督检查。各建设单位要建立信息报送制度，及时反馈工作进度、通报重要事项、总结工作经验、反映建设成果。市级统筹部门要建立动态跟踪监测和考核评估机制，及时对足球场地设施建设规划实施情况开展监督检查，全力协调解决项目建设中的问题。市足球场地设施规划建设联席会议适时通报足球场地设施规划建设实施情况，确保工作落实到位、任务顺利推进、目标如期实现。

（2018年4月23日由广州市发展和改革委员会、广州市教育局、广州市体育局、广州市住房和城乡建设委员会、广州市足球协会联合引发，来源：广州市体育局官网）

附录4：
广州市社区小型足球场规划建设和使用管理暂行办法

穗体〔2015〕5号

第一章　总则

第一条　为进一步落实体育惠民，合理布局体育设施，加快推进社区小型足球场规划建设，规范使用管理，根据《公共文化体育设施条例》、《关于加快发展体育产业促进体育消费的若干意见》（国发〔2014〕46号）、《中国足球改革发展总体方案》（国办发〔2015〕11号）、《广州市全民健身条例》和《广州市体育设施向社会开放管理办法》（穗府办〔2013〕45号）等有关规定，结合我市实际，制定本办法。

第二条　本办法所称的社区小型足球场（以下简称"小型足球场"），是指通过改造城市闲置空地、楼宇房顶、社区边角地、公共绿地等公共用地建成的，以开展足球运动和休闲健身为主要功能、符合小型足球场建设规范标准且免费或低收费向市民开放的公益性体育设施。

第三条　本办法适用于市、区两级小型足球场规划建设和使用管理。

本办法所称业主单位是指拥有小型足球场土地所有权或使用权的单位，管理单位是指业主单位或业主单位授权管理的服务机构单位。

第四条　小型足球场规划布局坚持总体规划、分步实施原则，由市体育局负责按照《广州市公共体育设施和体育产业功能区规划（2013—2020年）》总体布局，编制《广州市社区小型足球场建设布局规划（2014—2016年）》。

小型足球场的建设标准为（参照《城市社区体育设施技术要求（JG/T 191—2006）》）：

三人制足球场：20–35米（长）×12–21米（宽）=240–735平方米（面积）

五人制足球场：25–42米（长）×15–25米（宽）=375–1050平方米（面积）

七人制足球场：45–90米（长）×45–60米（宽）=2025–5400平方米（面积）

第二章　部门单位职责

第五条　小型足球场规划建设和使用管理适用政府主导、部门协同、上下结合、各司其职的工作机制，由市、区两级政府统筹领导，具体组织实施工作由各级体育部门牵头，会同同级财政、国土、规划、建设、园林等部门和相关街道办事处、镇政府，按照各部门、单位工作职能、工作分工开展工作。

第六条　有关部门工作分工如下：

（一）市体育局：主要负责统筹组织该专项工作实施及日常工作，联系协调政府有关职能部门，牵头编制小型足球场建设布局规划方案；加强与区体育部门以及市、区财政、国土规划、建设、园林，街镇等部门、单位工作衔接；牵头组织有关工作协调会议；按照部门预算管理规定对由市级补助小型足球场的经费编制预算。

（二）市财政局：主要负责按照部门预算管理的规定审核市体育局编制的小型足球场建设和维修预算，并按规定监督小型足球场经费的使用。

（三）市国土规划委：主要负责指导和审查小型足球场建设布局规划，重点对城市闲置空地、楼宇房顶、社区边角地、公共绿地等公共用地的性质、产权单位等给予信息支持、帮助；指导、协调各区国土规划部门支持推进相关工作，提供各街镇、社区、物业部门选址信息。

（四）市住建委：主要协助市体育行政主管部门指导小型足球场建设融入社区休闲园地的建设方案，监督项目建设、工程施工和监理等单位依法建设；协调各区建设主管部门支持推进相关工作。

（五）市林业和园林局：主要负责指导、协调各区园林部门提供城市公园、广场、绿化小游园等公共绿地及绿道沿线等可建设小型足球场的选址信息。

第三章　规划建设

第七条　市、区相关政府部门应将小型足球场规划建设纳入重要议事日程，财政、国土、规划、建设、园林、体育部门以及街镇等应各司其职，密切配合开展工作。

第八条　鼓励社会力量参与投资建设和管理小型足球场，政府以购买服务等方式予以支持。

第九条　政府向社会力量购买服务的购买主体、承接主体、购买内容、方式和程序，应按照《广州市财政局关于贯彻广东省<政府向社会力量购买服务暂行办法>的通知》（穗财行〔2014〕455号）的相关规定执行。

第十条　小型足球场的规模、数量、位置应结合体育、文化、教育、科技、青少年、老年活动场所等社区公益事业设施，以及绿地、绿道建设等综合因素确定，业主单位应协调有关单位、部门落实建设选址。

第十一条　小型足球场的规划建设和选址，应进行充分调查和论证，避免体育运动产生噪声、灯光扰民等其他对社区居民的影响。其设计及器材质量须符合《城市社区体育设施技术要求》JG/T 191—2006的有关规定。

　　第十二条　小型足球场的选址应根据区域人口、交通、服务半径等因素，结合公园广场、体育公园、街镇闲置地、社区边角地、楼宇房顶、街头绿地等公共用地合理规划安排。

　　第十三条　小型足球场建设在符合城市总体规划和土地利用总体规划要求的前提下，其用地原则上不涉及规划许可及产权登记，所建成小型足球场为权属单位建筑物业的附属设施。足球场的使用保有年限原则上不少于5年，5年内不得改变其功能用途。

　　第十四条　小型足球场的勘察、设计、施工、监理，应由具有资质的单位承担。竣工后由区体育部门监督建设单位依法组织施工、监理、设计等责任主体进行工程竣工验收并办理相关手续。

第四章　使用管理

　　第十五条　小型足球场按照属地管理的原则，由所在区体育部门、街道办事处、镇政府或用地权属机构等业主单位进行管理，确保建设、移交、管理、使用的有机结合。

　　第十六条　业主单位应建立长效工作机制，落实建成使用的设施设备、绿化、照明等配套设施的维修保养管理，保障供水、供电运行，确保公益性服务设施和公共空间的有效维护与可持续利用。

　　第十七条　小型足球场确因在对外开放中产生水、电、气、安保、绿化、保洁、人工等费用的，可以适当收费。收费项目和收费标准由管理单位根据运营成本合理制定；小型足球场由政府参与投资的，收费标准应当报送所属行政主管单位、部门审核，并由价格行政主管部门依法核定后实施。

　　第十八条　鼓励采取服务外包方式聘请具有资质的专业机构作为管理单位，负责小型足球场日常管理与运营，管理单位不得再转包。业主单位负责对管理单位进行指导、监管。

　　第十九条　政府投资兴建的小型足球场每周免费和优惠开放时间应当各不少于14小时；残疾人士、老年人凭证实行5折优惠，低保对象、学生凭证实行6折优惠。

　　社会力量投资兴建且实行政府购买服务的小型足球场参照前款执行。

　　第二十条　管理单位应在场地出入口明显位置悬挂统一规范的标牌，并向公众公告其开放时间、收费标准、安全须知、管理单位、责任人、投诉电话等有关管理信息，报所属区体育部门备案。

　　第二十一条　业主单位或管理单位应定期对小型足球场设施设备进行维护保养，对安全性定期检查并及时维修；在开放期间应办理公众责任保险。

　　第二十二条　管理单位未适当履行管理、维护责任，造成他人人身财产损害的，依法承担民事责任。

第二十三条 管理单位应建立常态化、制度化的管理机制，有序组织社区居民开展小型多样的群众性体育比赛、活动。有条件的业主单位应通过链接"全民健身公共服务平台"（"群体通"）的形式，提供预订支付、信息发布、平台互动、动态资讯、公益活动、竞赛组织等综合信息服务，提升小型足球场服务管理水平。

第五章 资金来源

第二十四条 小型足球场的建设、运行、维修经费列入同级财政预算安排，市可以在本级体育彩票公益金中对各区小型足球场的建设和维修等一次性项目予以适当补助。

第二十五条 社会力量出资建设小型足球场，其出资方式包括独立出资、部分出资或与政府共同出资等，由所在区体育部门、业主单位与社会企业、其他组织，通过合同、委托等方式，按出资比例和用地权属情况，明确各方的权利和义务，实现政府购买服务的目的。

第二十六条 小型足球场公益开放可按照财税部门有关规定享受税费相应优惠政策。按照《广州市体育设施向社会开放管理办法》（穗府办〔2013〕45号）及相关政策规定施行惠民开放所需的运行成本，由所在区政府以购买服务的方式解决经费。

第六章 监督检查

第二十七条 建立小型足球场规划建设和使用管理监督检查制度，各区体育部门应每月向市体育局上报规划选址、建设进度、经费落实、完工时间等工作情况，由市体育局收集整理并采取适当的方式向社会公开，接受群众和有关部门的监督检查。

第二十八条 各区小型足球场建设工作，列入广州市群众体育年度工作考核，考核结果以适当的方式向社会公开。

第七章 附则

第二十九条 本办法自印发之日起施行，有效期5年。相关法律政策依据变化或有效期届满，依据实施情况依法评估修改。

（2015年10月16日由广州市体育局、广州市财政局、广州市国土资源和规划委员会、广州市住房和城乡建设委员会、广州市林业和园林局联合引发，来源：广州市体育局官网）

参考文献

［1］ Josh Lacey. God is Brazilian：Charles Miller，the Man Who Brought Football to Brazil ［M］. Stroud：Tempus，2005.

［2］ 鲍绍雄. 香港体育设施的回顾和展望［J］. 时代建筑，1997（4）：39.

［3］ 蔡云楠，谷春军. 全民健身战略下公共体育设施规划思考［J］. 规划师，2015，31（7）：5-10.

［4］ 曹可强，刘新兰. 英国体育政策的变迁［J］. 西安体育学院学报，1998，15（1）：13-16.

［5］ 陈宏良. 日本足球职业化发展的成功经验及启示［J］. 广州体育学院学报，2012，32（5）：28-33.

［6］ 陈义勇，孙婷. 香港休憩用地及设施规划方法与启示［J］. 城市建筑，2015（14）：90-91.

［7］ 陈雨峰，宋桂龙，韩烈保. 中国足球场场地质量评价体系构建——基于评价指标的认知度建立足球场场地质量分级评价体系［J］. 草业科学，2017，34（3）：488-501.

［8］ 陈元欣，刘倩. 我国大型体育场馆运营管理现状与发展研究［J］. 体育成人教育学刊，2015，31（6）：23-31.

［9］ 邓兴栋.《城乡规划》规划转型笔谈［J］. 城乡规划，2017（1）：107-108.

［10］ 段景联，董迎合. 足球场草坪的建植与养护［J］. 山西建筑，2009，35（20）：352-353.

［11］ 冯淑芳，张楠. 浅谈我国专业足球场设计［J］. 中外建筑，2009（6）：146-148.

［12］ 高艳艳，王方雄，毕红星，等. 城市公共体育设施布局规划研究进展［J］. 吉林体育学院学报，2015，31（1）：37-40，74.

［13］ 广州市体育局，广州市城市规划勘测设计研究院. 广州市社区小型足球场建设布局规划（2014—2016年）［R］，2015.

［14］ 广州市体育局，广州市城市规划勘测设计研究院. 广州市社区小型足球场建设实施情况总结报告［R］，2016.

［15］ 郭庆华，李国卿，杨雯. 足球场草坪养护管理［J］. 现代园艺，2013（6）：196.

［16］ 国际足球联合会. 国际足球联合会关于2010年国际注册球员的统计［EB/OL］.［2010-11-13］. http://www.fifa.com/worldfootball/bigcount/registeredplayers.html.

［17］ 国际足球联合会. 国际足球联合会关于国际足球人口的统计［EB/OL］.［2010–11–13］. http://www.fifa.com/worldfootball/bigcount/allplayers.html.

［18］ 何明俊. 宏观调控与规划引导——政府行动规划的理论与方法探讨. 城市规划, 2004, 28（7）: 30–33, 87.

［19］ 胡茵. 我国社区体育公共服务体系的建设与完善［J］. 北京体育大学学报, 2009, 32（5）: 12–15.

［20］ 蒋蓉, 陈果, 杨伦. 成都市公共体育设施规划实践及策略研究［J］. 规划师, 2007, 23（10）: 26–28.

［21］ 黎子铭, 闫永涛, 张哲, 等. 全民健身新时期的社区足球场规划建设模式［J］. 城市规划, 2017, 41（5）: 42–48.

［22］ 李龙保, 林世通, 黎瑞君, 等. 广州亚运会足球场草坪质量的综合评价［J］. 草业科学, 2011, 28（7）: 1246–1252.

［23］ 李晓欣. 专业足球场建筑设计研究［D］. 上海: 同济大学, 2007.

［24］ 梁斌. 英国足球俱乐部社区公共服务功能研究［J］. 成都体育学院学报, 2013, 39（3）: 20–25.

［25］ 林建君. 中日学校体育场馆开放利用分析及启示［J］. 宁波大学学报（人文科学版）, 2015, 28（3）: 127–132.

［26］ 屈丽蕊, 高飞. 我国中小学校园足球场地器材管理研究［J］. 体育文化导刊, 2014, （8）: 123–126.

［27］ 王大鹏, 王闯, 崔爱玲. 辽宁省足球场用地现状及政策建议［J］. 国土资源, 2016, （12）: 42–43.

［28］ 王红. 引入行动规划改进规划实施效果. 城市规划, 2005, 29（4）: 41–46, 71.

［29］ 王智勇, 郑志明. 大城市公共体育设施规划布局初探［J］. 华中建筑, 2011（7）: 120–123.

［30］ 吴灿, 张碧昊. 关于高校足球场地设施的建设现状和对策分析［J］. 体育科技文献通报, 2016, 24（2）: 125–126.

［31］ 吴良镛, 武廷海. 从战略规划到行动计划——中国城市规划体制初论. 城市规划, 2003, 27（12）: 13–17.

［32］ 吴宇坤. 浅谈室外人造草坪足球场的建设［J］. 中国信息科技, 2009, （6）: 74–76.

［33］ 肖谋文. 新中国群众体育政策的历史演进［J］. 体育科学, 2009, 29（4）: 89–96.

［34］ 闫华, 蔺新茂. 我国体育设施建设现状与发展研究［J］. 成都体育学院学报, 2004, 30（2）: 33–36.

［35］ 闫永涛, 许智东, 黎子铭. 面向全面健身的公共体育设施专项规划编制探讨——

以广州为例［J］. 规划师，2015，31（7）：11–16.

［36］ 杨坤. 我国城市公共体育设施发展的演进历程［J］. 福建体育科技，2012，31（4）：1–3.

［37］ 杨志亭，孙建华. 英国足球的历史传承与产业化［J］. 外国问题研究，2013，（4）：80–84.

［38］ 英国体育协会. 社区体育中心设计指引［EB/OL］.［2012–02–01］. http://www.sportengland.org/facilities–planning/tools–guidance/design–and–cost–guidance/sports–halls/.

［39］ 于亚滨，潘玮. 都市圈规划实施有效途径的思考——浅谈行动规划在哈尔滨都市圈规划中的应用［J］. 城市规划，2006，30（8）：78–80.

［40］ 张浩. 论绿色体育的和谐性内涵［J］. 解放军体育学院学报，2004（3）：16–19.

［41］ 张维琪，李靖. 足球在巴西是如何发展的：从贵族运动到全民运动［EB/OL］.［2016–06–30］. http://www.thepaper.cn/newsDetail_forward_1491185_1.

［42］ 张哲，闫永涛，许智东，等. 广州社区小型足球场建设布局规划实践及思考［A］. 中国城市规划学会，贵阳市人民政府. 新常态：传承与变革——2015中国城市规划年会论文集［C］. 北京：中国建筑工业出版社，2015.

［43］ 赵丹. 关于美国体育公园内的研究［D］. 苏州：苏州大学，2010.

［44］ 赵文亚. 大型足球场照明系统设计与施工［J］. 中华建设，2013（8）：81–83.

［45］ 朱应昌. 综合性体育场馆与足球场景观设计初探［D］. 北京：北京林业大学，2003.

［46］ JGJ 31—2003，体育建筑设计规范［S］.

［47］ JG/T 191—2006，城市社区体育设施技术要求［S］.

［48］ DBJ/T 15-135—2018，广东省足球场地规划标准［S］.

［49］〔86〕体计基字559号，城市公共体育运动设施用地定额指标暂行规定［Z］.

［50］ 建标〔2005〕156号，城市社区体育设施建设用地指标［Z］.

［51］ 图集号08J933-1，国家建筑标准设计图集——体育场地与设施（一）［Z］.

后 记

对于热爱体育的人，足球是一种信仰。对于从事城乡规划工作的小伙伴，社区是一种信仰。对于中国足球，广州是一个圣地。

我们就是这么幸运，一群热爱体育的规划师，在广州的社区，深度参与到足球场的规划建设中，贡献着自己的点滴力量。从2013年开始，受广州市体育局委托，我们全面参与了广州体育事业和体育产业的城乡规划建设工作，社区足球场规划建设是其中颇具代表性的一项。我们走访了广州的170个街镇、上千个社区，彻头彻尾地做了一回伴随式、协调型、实施型的规划。这不仅让我们深刻地认识到规划"重在过程"，对规划师自身也是一次非常难得的修行。如今，我们有机会把这个过程中的所学、所做、所思、所感整理成书，更是一次精神和文化的升华。

感谢广州市体育局的领导和朋友，尤其是罗京军局长、林燕芬副局长、吴先浪副巡视员和潘厚通处长、邓广庭处长、林红军处长、周海英调研员，正是你们的信任，我们才有机会参与这么有意思有价值的项目。我们不仅收获了知识和荣誉，更重要的是结识了一帮热心、务实的体育界朋友！

感谢广州市城市规划勘测设计研究院的领导和同事，你们提供的优质平台和无私帮助，是项目完成和书籍出版的关键保障。尤其是政府规划编制部体育系列项目组的各位同事和参与本书具体工作的张宇翔、刘涛、唐莘，无论我们身在何方，无价的友谊常在，成果属于参与规划过程的每一个人！

感谢中国城市规划设计研究院的丁洪建教授级高级规划师，正是受您启发，我们才有勇气和毅力完成本书！

感谢中国建筑工业出版社的郑淮兵主任和王晓迪编辑，你们的认真和高质量付出，是本书及时出版的基石！

感谢家人的默默支持！繁忙工作中，能完成这多么文字，实属不易！

感谢每一个为本书出谋划策、贡献智慧的朋友！

最后，我们知道本书还有许多不足，社区足球场规划建设还有许多问题需要解决。未来，我们会坚持"伴随式规划"的工作方法，一直守候着这一片不大不小的社区足球场，就像我们在办公室每天望着中环广场的屋顶社区足球场一样，为中国足球事业贡献小小的力量。